So lieben Vögel deinen Garten

WIR ERÖFFNEN EINE VOGELPENSION

Inhalt

Hallo. ihr Lieben!

Wir eröffnen eine Vogelpension

Vielen Dank fürs Füttern!

Schräge Vögel, Nervensägen & Mustergäste

Klein wie etwa Blaumeisen   86

Mittelgroß wie etwa Sperlinge   102

Groß oder größer wie Stare   144

Wir Amseln sind größer als ein Star!

Gäste willkommen!

Nur keine Scheu und munter angeflattert! In unserer Vogelpension bleiben keine Wünsche offen. Das Büfett ist reichhaltig, abwechslungsreich und ganz auf die Bedürfnisse unserer gefiederten Gäste ausgerichtet. Für den dicken Schnabel bieten wir bestes Körnerfutter, für die Insektenliebhaber und Feinschnäbel unter euch erlesenes Weichfutter. Gesundes Obst und Beeren stehen im Restaurantbereich selbstverständlich ganztägig und ganzjährig zur Verfügung.

Euch steht der Sinn mehr nach einem Bad im Pool oder nach einem Schlückchen frischen Wasser an der Bar? Kein Problem! Fühlt euch in unserem großzügig gestalteten Gartenbereich wie zu Hause und genießt unseren exzellenten Service. Wir stellen höchste Ansprüche an Sauberkeit und Komfort und bemühen uns, euch den Aufenthalt bei uns so komfortabel und angenehm wie möglich zu gestalten.

Für die Brut- und Elternzeit könnt ihr zwischen verschiedenen Unterkunftsarten wählen. Von der Halbhöhle über den Nistkasten bis zur sichtgeschützten Nisttasche oder Astgabel steht euch eine Auswahl an Single- und Gemeinschaftszimmern zur Verfügung. Eine Anmeldung ist nicht erforderlich. Ist eine Wohnung frei, könnt ihr jederzeit einziehen. Wer zuerst kommt, brütet zuerst! Daunen, Kokosfasern, Moos und Blätter für ein weiches Kuschelbett stehen euch ebenfalls frei zur Verfügung, gleiches gilt für sämtliches Baumaterial, falls ihr eure Behausung im Lauf der Saison vergrößern oder ausbessern möchtet.

Und ist der Nachwuchs groß genug, so finden die kleinen Federknäuel reichlich sichere Verstecke in der Nähe der elterlichen Wohnung. Freisitze für guten Gesang sowie Panorama-Rundumblicke auf den Garten und die Nachwuchs-Spielplätze gehören selbstverständlich ebenfalls zur Standardausstattung unserer Pension. Haben wir euch überzeugt? Dann freuen wir uns, wenn ihr demnächst auf einen leckeren Snack vorbeifliegt oder euren nächsten Kurztrip oder Sommerurlaub ganz entspannt bei uns verbringt!

Wir freuen uns auf euch!
Euer Team der 5-Sterne-Gartenpension „Vogeltraum"

Wir eröffnen eine Vogelpension

Von Langschläfern & Reiselustigen

Was du über deine Gäste wissen musst

Im Garten kannst du sicher gut abschalten und so richtig aktiv sein, relaxen und viele verschiedene Pflanzen säen, setzen und ernten. Darüber hinaus ist dein Garten natürlich auch Lebensraum für viele Tiere. Zu ihnen gehören zahlreiche gefiederte Gäste, die entweder für längere Zeit in deiner Vogelpension einchecken oder sie nur anfliegen, um sich dort kurz am Büfett zu bedienen.

Ganz vielen Gartenfreunden genügt es aber häufig nicht, ihre Gäste einfach nur zu beobachten und deren Gesang zu lauschen. Sie möchten ihre kleinen, gefiederten Besucher auch eindeutig erkennen und mehr über ihre Lebensweise erfahren, um ihnen einen besonders schönen Aufenthalt zu ermöglichen.

Weltweit ist der Star einer der häufigsten Singvögel. Sicher schaut er auch bei dir einmal vorbei.

Die Küken der Stockente sind wahrlich keine „Stubenhocker". Raus aus dem Nest und ab in die Welt lautet ihre Devise. Ihre Eltern begleiten sie noch eine Weile auf ihren Entdeckertouren und haben ein wachsames Auge auf sie.

Vielleicht geht es dir ähnlich? Dann kannst du deine Vogelpension mit fundiertem Wissen über Gartenvögel, wie du es in diesem Buch bekommst, besonders artgerecht gestalten und gleichzeitig den verschiedenen Ansprüchen der Gäste gerecht werden. Wie überall im Hotelgewerbe gilt nämlich auch hier die Devise: Zufriedene Kunden bleiben länger und kommen gern wieder!

Nestflüchter und Nesthocker

Alle Vogelarten lassen sich in zwei grundsätzliche Typen, die Nestflüchter und die Nesthocker, einteilen. Während die einen schon weit entwickelt sind und es ganz eilig haben, das Nest zu verlassen, brauchen die anderen noch Zeit und bleiben lieber etwas länger im Hotel Mama.

Nestflüchter: Schnell weg!

Nestflüchter sind, wenn sie sich aus dem Ei kämpfen, körperlich schon sehr weit entwickelt. Augen und Ohren sind bereits geöffnet und ihr Körper ist mit feinen Daunenfedern bedeckt. Diese sind anfangs noch etwas feucht, trocknen aber schnell. Schon nach wenigen Minuten unternehmen die Jungen erste Steh- und Gehversuche und kurz danach laufen sie herum. Diese Küken können sofort selbstständig fressen. Deshalb wirst du bei diesen Arten keine Elterntiere sehen, die ihre Jungen füttern. Das bedeutet aber nicht, dass sie sich nicht um ihren Nachwuchs kümmern. Ganz im Gegenteil! In vielen Fällen leben die kleinen Schnellstarter eine Weile mit ihren Eltern im Familienverband zusammen. Für die Kleinen hat das nur Vorteile, denn die Alten beschützen sie vor den überall lauernden Gefahren und zeigen ihnen die Orte, wo es lecker Futter gibt. Zu den Nestflüchtern gehören beispielsweise Enten, Gänse, Schwäne oder Kraniche.

Hungrige Schwalbenkinder: Die Kleinen halten die Altvögel ganz schön auf Trab.

Nesthocker: Immer mit der Ruhe!

Im Gegensatz zu den Nestflüchtern verlassen die Nesthocker die schützende Eischale in einem sehr unreifen Zustand. Oft sind Augen und Ohren noch geschlossen. Außerdem haben sie noch kein vollständiges Federkleid. Bis alle wärmenden Daunenfedern gewachsen sind, dauert es ein paar Tage. Selbst Futter zu suchen, ist so nackt natürlich undenkbar. Deshalb müssen die Alten ran und die haben ganz schön zu tun, um ausreichend Nahrung zu besorgen. Kehren sie mit einem Wurm oder einer Mücke im Schnabel zum Nest zurück und lassen sich auf dem Rand nieder, wackelt es ein bisschen. Diese kleine Erschütterung ist das Signal für die noch blinden und tauben Jungvögel. Wie auf Kommando reißen sie ihre Schnäbel auf und die Eltern stopfen ihnen das Futter tief in den kräftig rot gefärbten Schlund.

Wo bleibt der Nachschub?

Die winzig kleinen Nestlinge des Zaunkönigs betteln um Futter.

Zur Gruppe der Nesthocker gehören beispielsweise Greifvögel und Störche, aber auch Spechte, Tauben, Mauersegler und alle Singvogelarten – also die typischen Besucher oder Dauergäste in deinem Garten. Das ist

Stets zur Stelle bis sie groß sind: Blaumeise beim Füttern eines bereits flügge gewordenen Jungvogels.

Grünfinken reisen nicht gern. Sie sind meist ganzjährig in ihren Brutgebieten.

natürlich super, denn so kannst du in deiner Garten-Vogelpension das volle Brutprogramm live verfolgen und schaust den Kleinen beim Flüggewerden zu!

Heimatverbundene und Reiselustige

Lang- und Kurzstreckenzieher: regelmäßig unterwegs

Während manche Vogelarten ganzjährig in ihren Brutgebieten bleiben, ziehen andere zum Überwintern in wärmere Gefilde. Unter diesen Reiselustigen gibt es Lang- und Kurzstreckenzieher. Weitreisende legen auf ihren Trips in die warmen Winterquartiere sehr große Entfernungen zurück. Einige fliegen bis in die afrikanischen Tropen. Im Gegensatz dazu überwintern die Kurzstreckler häufig im Mittelmeerraum.

Eine junge Amsel außerhalb des Nestes: Keine Sorge, die Eltern sind sicher nicht weit und kommen bald wieder.

Vielleicht fragst du dich nun, warum einige Vogelarten überhaupt so weit fliegen? Der Hauptgrund ist, dass sie nur dort genügend tierische Nahrung wie Insekten finden. In ihren Brutgebieten – beispielsweise im hohen Norden oder auch bei uns in Mitteleuropa – gibt es den Winter über nur sehr wenig Futter. Kein Käfer krabbelt, keine Mücke fliegt und wenn der Boden steinhart friert, sind auch die Regenwürmer für den Schnabel unerreichbar.

ACH SOOO!
Erste Hilfe für verwaiste Vogelkinder

Nicht jedes Vogelkind, das du auf dem Boden entdeckst, ist von seinen Eltern verlassen. Hat es Federn? Dann beobachtest du es aus sicherer Entfernung. Die Eltern kommen oft nach kurzer Zeit und füttern es. Hockt es mitten auf der Straße oder an einem anderen gefährlichen Ort? Dann bringe es zu einer sicheren Stelle in der Nähe. Die Eltern werden es dort finden. Ist es nackt? Dann kann das Nest nicht weit sein. Setze es vorsichtig wieder hinein. Vogelkinder, bei denen auch nach längerer Zeit kein Elternteil auftaucht, oder verletzte Piepmätze sind in einer Vogelpflegestation gut aufgehoben. Bis sie dort sind, musst du sie warmhalten, zum Beispiel in einer Socke.

Schwalben und andere Insektenvertilger sind aber auf solche Futterquellen angewiesen – und zwar nicht nur der Nachwuchs, sondern auch die erwachsenen Vögel. Sie steuern deshalb weit entfernte Ziele an.

Fernreisende fressen sich den Sommer über möglichst viele Fettreserven an, um den langen Flug zu bewältigen. Am Ziel angekommen sind diese Reserven oftmals völlig aufgebraucht. Andere Arten legen auf ihren weiten Reisen längere Futterstopps ein, damit sie genügend Energie für den nächsten Teil des Fluges haben. Mit Hunger im Bauch und schlappen Flügeln kommt man eben nicht besonders weit.

Individualreise oder Gruppenreise? Das hängt von der Art ab. Einige Vögel verlassen sich nur auf sich und fliegen allein, andere mögen die Reise in kleinen Trupps oder schätzen es, in großen Schwärmen unterwegs zu sein. Unabhängig davon folgen sie den gleichen Routen, die ihre Vorfahren schon vor Jahrhunderten wählten. Sie bestimmen ihre Reiseroute mithilfe ihres „inneren Kompasses". Sie besitzen einen stark ausgeprägten Magnetsinn und können sich am Magnetfeld der Erde orientieren. Viele Zugvögel nutzen zusätzlich den Stand der Sonne, die Sternbilder am Nachthimmel sowie markante Landmarken wie Küstenlinien und Gebirge.

Standvögel: Zuhause ist's am schönsten!

Meisen und viele Finkenvögel verhalten sich da ganz anders. Sie bleiben ganzjährig in ihren Brutgebieten und werden deshalb als

Ich will auch noch was haben!

Mitteleuropäische Kernbeißer sind Standvögel, ihre nördlichen und östlichen Verwandten jedoch meist Teilzieher.

Und tschüss! Wir sind dann mal weg ...

Schwalben sammeln sich vor ihrer Reise in Schwärmen und fliegen dann gemeinsam nach Afrika.

Standvögel bezeichnet. Sie benötigen tierisches Eiweiß lediglich für die Ernährung der Nestlinge. Die Alten verschmähen zwar häufig auch keine Insekten und Spinnen, ernähren sich aber ansonsten weitgehend vegetarisch, zum Beispiel von verschiedenen Sämereien. Diese finden sie auch in der kalten Jahreszeit in meist ausreichender Menge. Wozu also in den Süden fliegen? Diese Heimatverbundenen bilden in den kalten Monaten oft Trupps oder Schwärme und streifen gemeinsam auf der Suche nach Nahrung umher.

Heimatliebende Arten sind somit häufige Besucher in deinem Gartenrestaurant. Sie bedienen sich gern am Futterhäuschen und nutzen die verschiedenen Futterstationen, um sich eine reichhaltige Mahlzeit zusammenzustellen. Und deine Gäste haben Hunger – nicht erst im Winter! Sie beginnen schon im Sommer damit, sich Fettreserven anzufressen. Von denen zehren sie im Winter, falls dein Gartenlokal mal geschlossen hat und auf den Feldern der Bauern kein Körnchen mehr zu finden ist. Die Fettschicht hält sie warm und das ist gut so, denn so verbrauchen sie weniger Energie, um die nötige Körperwärme zu erzeugen.

Teilzieher: einer so, der andere so

Einige Vogelarten sind sogenannte Teilzieher, zum Beispiel die Buchfinken. Bei denen flattern die Weibchen davon, während die Männchen hierbleiben und Dauergast in deiner Vogelpension sind. Im nächsten Frühjahr kehren die Weibchen dann wie die anderen reiselustigen Vögel zurück und brüten. Stare und Rotkehlchen halten es ebenso variabel, doch das kann sich ändern. Da die winterlichen Temperaturen durch die globale Erwärmung steigen, bleiben inzwischen auch einige der klassischen Teilzieher fast jedes Jahr in ihrem Brutgebiet. Deine Vogelpension könnte also bald noch besser ausgebucht sein als bisher.

Ein ähnliches Verhalten ist auch bei einigen Arten zu beobachten, die noch vor ein paar Jahrzehnten als typische Fernreisende galten. Diese Vögel fliegen gelegentlich nicht mehr bis in die warmen Regionen Asiens oder Afrikas, sondern verbringen den Winter beispielsweise bereits im Mittelmeerraum. Dort ist es inzwischen mild genug für sie.

Nicht alle Rotkehlchen sind reisefreudig. Einige bleiben hier bei uns im winterlichen Garten.

Ein normaler Vogel-Tag

DIE WÜNSCHE DER HOTELGÄSTE IM TAGESABLAUF

Viele deiner Gäste haben einen geregelten Tagesablauf und schätzen es, wenn du ihnen im Lauf des Tages sowohl Frühstück als auch Abendessen servierst. Einige Vogelarten snacken auch gern zwischendurch noch einmal. Neben den Mahlzeiten sind ihnen Körperpflege und Wellness ganz wichtig, du solltest also in jedem Fall einen geeigneten Pool und gern auch ein Sandbad für freche Spatzen bereithalten.

TAGESABLAUF

▶ Vor dem Sonnenaufgang: Aufstehen

▶ Singen

▶ Frühstücken

▶ Körperpflege

▶ Nestbau und -pflege

▶ Mittagspause mit Snacks

▶ Baden

▶ Sonnenbaden/Siesta

▶ Abendessen

▶ Nach dem Sonnenuntergang: Schlafen

Raus mit den Federn

Die meisten deiner Gäste sind Frühaufsteher und schon vor Sonnenaufgang munter. Gartenrotschwanz und Rotkehlchen gehören zu den ersten Gästen am Büfett; Haussperling, Grünfink und Star stehen etwas später auf. Vor dem Futter fassen steht aber bei den meisten von ihnen noch Singen auf dem Programm. Mit ausgeruhter Kehle wird ausgiebig geträllert und gezwitschert, tiriliert und getschilpt.

Frühstück

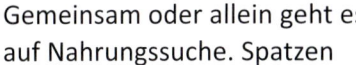

Die wichtigste Mahlzeit des Tages!

Gemeinsam oder allein geht es auf Nahrungssuche. Spatzen fallen gern in größeren Gruppen über das Büfett her, das Rotkehlchen hält sich dagegen eher zurück und wartet, bis sich der Ansturm gelegt hat. Wie auch die Amsel und die Heckenbraunelle frisst es nicht gern in luftiger Höhe, sondern bedient sich lieber in Bodennähe. Die frechen Spatzen und munteren Meisen lassen beim Plündern des reich gedeckten Frühstückstischs meist jede Menge Körnchen und Krümelchen fallen. Sie flink aufzusammeln, ist den bodenständigen Gästen ein Leichtes. Doch Vorsicht, dann wird das Fressen für deine gefiederten Gäste zur riskanten Gefahr. Baue das Büfett deshalb immer dort auf, wo sich deine Besucher sicher fühlen können. Die meisten schätzen einen freien Blick auf die Umgebung und gute Fluchtmöglichkeiten.

Morgentoilette und dann zur Arbeit

Nach dem Essen ist endlich Zeit, das Gefieder zu putzen und das Nest auszubessern. Einmal kräftig aufplustern, schütteln, die Flügel spreizen und bei Bedarf einzelne Federn durch den Schnabel ziehen, um sie dabei zu glätten und zu säubern. So starten die Pensionsgäste gut in den Tag. Nun beginnt das straffe Ausflugsprogramm, denn viel ist zu tun: Halme, Gräser, Federn, Moos und andere weiche Materialien werden gesammelt und zum Nest geflogen. Schadhafte Stellen sind auszubessern und die Polsterung ist vielleicht auch noch nicht vollkommen. Das bedeutet fliegen, fliegen, fliegen, denn ein Halm allein macht noch keine Luxusbleibe. Zwischendurch ist Zeit mit den Nachbarn zu quatschen und ein paar Strophen zu singen. Das stärkt die Gemeinschaft und markiert das Revier.

Die zweite Tageshälfte

Nach so viel Arbeit kommt die nächste Mahlzeit gerade recht. Ein paar Körner knabbern, Nüsse knacken oder Insekten schnappen liefert ausreichend Energie für die zweite Tageshälfte. Haben deine Gäste Nachwuchs, verbringen sie noch mehr Zeit als sonst mit der Nahrungssuche. Erst muss der brütende Partner mit Leckereien versorgt werden, dann die ständig hungrigen Kinder. Viel Zeit zum Baden bleibt dann nicht mehr. Wer kann, nimmt aber gern ein Bad. Spatzen schleudern Sand auf ihre Federn, um Parasiten loszuwerden, oder warten am Vogelbad darauf, dass die streitsüchtige Amsel endlich den Pool räumt. Nach einer ausgiebigen Planscherei ist Zeit für ein Sonnenbad und eine kleine Siesta. Dann beginnt die letzte Futterrunde. Schließlich will keiner deiner Gäste mit knurrendem Magen ins Nest schlüpfen.

Unsere Gartenvögel lebten früher meist in Wäldern und steppenartigen Landschaften.

Wo sind unsere Lieblingsplätze?

Willst du in deinem Garten eine Vogelpension eröffnen, die gefiederten Freunde dort beobachten und so näher kennenlernen? Dann ist es gut zu wissen, wo ihre Lieblingsplätze sind! Ursprünglich lebten Vögel vor allem in Wäldern und steppenartigen Landschaften. Schaust du dir einen Wald mal genauer an, wirst du feststellen, dass er schichtartig aufgebaut ist.

Die unterste Schicht, das Erdgeschoss, bildet der Waldboden. Dort wachsen Moose, Pilze, Farne, Gräser und Kräuter, wie beispielsweise das Große Springkraut, aber auch Maiglöckchen und Wald-Veilchen. Die Strauchschicht, von Hochparterre bis erste Etage, überragt den Boden. Hier sind zum Beispiel Himbeeren, Brombeeren und Pfaffenhütchen zu Hause. Die Sträucher bieten den Bewohnern des Waldes meist ausreichend Deckung und Schutz. Für viele Vögel sind sie ein idealer Lebensraum und ein guter Platz zum Brüten.

Die oberste Schicht wird von den Bäumen repräsentiert. Deren Baumkronen bilden sozusagen das Dachgeschoss. Eschen, Buchen, Eichen und Tannen sind hier zum Beispiel zu nennen. Im Unterschied zu den Sträuchern besitzen die Bäume einen deutlich erkennbaren Stamm und zumeist eine Krone. Allerdings gibt es auch einige Gehölze, beispielsweise den Schwarzen Holunder, die sowohl die Form eines Strauches als auch eines Baumes haben können.

Ähnlich wie die Wälder sind auch steppenähnliche Landschaften schichtförmig aufgebaut. Ganz unten ist fast überall eine Gras-Kräuter-Schicht vorhanden. Darüber befinden sich Sträucher oder kleine inselartige Gehölzgruppen, die allerdings auch nur an einzelnen Stellen verteilt sein können, sodass große Flächen allein mit einer Gras-Kräuter-Schicht bewachsen sind. Das trifft auch auf viele naturnah gestaltete Gärten zu.

Jede einzelne dieser Schichten – in Wäldern wie in offenen Landschaften – wird von Vögeln bewohnt. Einige von ihnen sind Spezialisten, andere sind Allrounder. Zu Letzteren gehört

Tannenmeisen sind Allrounder.
Sie sind in allen Schichten des Waldes unterwegs.

beispielsweise die Tannenmeise, die sich je nach Nahrungsangebot und Nistmöglichkeiten mal in Bodennähe und mal in den oberen Etagen aufhält.

Nachtigall und Zaunkönig sind dagegen sehr bodenständig und bevorzugen das Erdgeschoss. Sie lieben es, im Unterholz umherzuhüpfen und dort Nahrung zu suchen. Mit ihrem bräunlichen Gefieder sind sie auf dem erdfarbenen Boden und zwischen den graubraunen Laubresten, Wurzeln und dem Totholz kaum zu sehen. Trotz ihrer Vorliebe für den Boden unternehmen sie ab und zu auch Ausflüge in höhere Etagen. Umgekehrt zieht es auch Arten, die den guten Überblick aus den Baumkronen lieben, hin und wieder ein oder zwei Stockwerke tiefer Richtung Strauch und Boden.

Zilpzalp und Neuntöter fühlen sich in Sträuchern und Hecken besonders wohl. Dagegen haben Kernbeißer und Pirol eine Vorliebe für luftige Höhen und wohnen – wie viele andere Baumbewohner auch – gern im Dachgeschoss.

Viele Vogelarten haben sich mit unseren Kulturlandschaften wie Streuobstwiesen, Parks

Wir wollen immer hoch hinaus!

Der Kronenbereich ist für den Pirol der liebste Wohnort.

und Gärten angefreundet, da sie dort fast die gleichen Schichten wie im Wald und in Steppenlandschaften vorfinden. Der Kernbeißer versteckt sich zum Beispiel gern in den Kronen von Apfel- und Kirschbäumen, während er früher lieber in den Wipfeln hoher Waldbäume lebte. Willst du also eine Vogelpension eröffnen, ist es gut, wenn du für deine Gäste Zimmer in der von ihnen bevorzugten Etage bereithältst. Nur so kannst du bald eine große Vielfalt an Gästen willkommen heißen und dauerhaft zufriedenstellen.

Das Pfaffenhütchen zählt zur Strauchschicht.

Blüten und Blätter des Schwarzen Holunders

Was singt denn da?

Wer mit der Natur auf Du und Du ist, benötigt an einem zeitigen Frühlingsmorgen eigentlich keine Uhr, um zu wissen, wie spät es ist. So öffnen und schließen zahlreiche Pflanzen immer zu bestimmten Zeiten ihre Blüten.

Ich bin Langschläfer!

Ähnlich „pünktlich" sind auch viele Vögel, bei denen die Männchen unmittelbar nach dem Erwachen ihren morgendlichen Gesang anstimmen. Als Weckreize für die einzelnen Arten spielen die unterschiedlichen Helligkeitsstufen der Morgendämmerung eine wichtige Rolle. Reiht man die Zeiten aneinander, in denen der Gesang der einzelnen Arten erstmalig zu hören ist, erhält man eine relativ exakt funktionierende „Vogeluhr". In der nebenstehenden Übersicht findest du die Vögel mit „ihrer" Uhrzeit. Die Zeitangaben beziehen sich dabei auf die Sommerzeit.

Falls du den Start des Tages verpasst hast und erst im Verlauf des Vormittags wissen möchtest, „was die Stunde geschlagen hat", kannst du dich an zwei Arten orientieren, die allerdings nicht zu den typischen Gartenvögeln zählen. Zum einen ist das der Buntspecht, dessen Laute wie „pix, pix" oder „kick, kick" klingen. Ihn und sein erstmaliges Hämmern an den Bäumen hörst du gegen 9 Uhr am Morgen. Eine weitere „zeitangebende" Vogelart ist der Mäusebussard. Er zieht am Himmel erst um die Mittagszeit seine Kreise und stößt dabei häufig langgezogene „Wijääh-Rufe" aus. Sein spätes Erscheinen hat mehrere Gründe. Der wichtigste ist, dass er eine vergleichsweise schwach ausgebildete Brustmuskulatur besitzt. Daher ist der Mäusebussard die meiste Zeit als „Segelflieger" in luftiger Höhe unterwegs und nutzt die Aufwinde optimal aus, um lange in der Luft bleiben zu können. Die dafür benötigte Thermik entsteht jedoch erst durch die allmähliche Erwärmung der Erde im Tagesverlauf.

4.00 Uhr
Gartenrotschwanz

4.10 Uhr
Rotkehlchen

4.15 Uhr
Amsel

4.20 Uhr
Zaunkönig

Morgenstund hat Gold im Mund!

4.30 Uhr
Kuckuck

4.40 Uhr
Kohlmeise

4.50 Uhr
Zilpzalp

5.00 Uhr
Buchfink

5.20 Uhr
Haussperling

5.40 Uhr
Star

5.30 Uhr
Sonnenaufgang

So lieben Vögel deinen Garten

Hier fühlen sich viele Vögel wohl!

In aller Regel finden sich im Garten diejenigen Arten zum Brüten ein, die für die umgebenden Lebensräume typisch sind. Grenzt der Garten beispielsweise an ausgedehnte Wiesenlandschaften, erweist er sich häufig als ein besonders attraktiver Nistplatz für Bachstelzen, Grauammern und Stare. Ebenso kann die unmittelbare Nähe zu einem Gewässer, wie etwa eines weitgehend naturbelassenen Baches oder eines von breiten Schilfgürteln umgebenden Sees, dazu beitragen, dass sich bestimmte Vogelarten wie Wasseramseln oder Rohrammern zum Brüten oder zur Nahrungssuche einfinden. Neben den Spezialisten gibt es unter den Singvögeln auch noch die Gruppe der „Allrounder". Deren Vertreter zeichnen sich dadurch aus, dass sie relativ wenige Ansprüche an ihren Lebensraum stellen und zudem sehr anpassungsfähig sind. Zu dieser Gruppe gehören unter anderem die Amsel sowie Kohl- und Blaumeisen.

Zwischen der Umwelt und dem Umfeld eines Gartens oder Hausgrundstücks bestehen zahlreiche Wechselwirkungen, die einen großen Einfluss auf die Artenzusammensetzung und die Größe des jeweiligen Vogelbestands haben. So mögen Vögel beispielsweise keinen dauerhaften oder häufig auftretenden Lärm. Durch plötzlich auftretenden Krach schrecken sie auf und werden dadurch stark gestresst. Dauerhafter Lärm ist ebenfalls schädlich, da sich aus der Dauerbeschallung andere Geräusche nur schlecht herausfiltern lassen. Dadurch bemerken deine Gartengäste potenzielle

Ideale Vogelpension: Ein reich strukturierter Garten wirkt auf Vögel sehr attraktiv.

Feinde und andere Gefahren oft überhaupt nicht beziehungsweise so spät, dass sie auf die entstandene Situation nicht mehr angemessen reagieren können.

Hänge daher die Nistkästen möglichst in den ruhigsten Ecken des Gartens auf, falls er sich an einer stark befahrenen Straße befindet. Hecken, Sträucher und Bäume, aber auch andere Pflanzen und Gartenbauten, die sich zwischen der Straße und dem Nistkasten befinden, schlucken einen Teil des Lärmes, sodass die Geräusche zwar nicht ganz verschwinden, aber wenigstens leiser auf die Ohren der Vögel treffen.

Die vogelfreundliche Gartengestaltung

Ganz allgemein lässt sich sagen, dass Gärten als Lebensräume und Brutareale für besonders viele Vogelarten umso attraktiver sind, je naturnaher sie gestaltet sind. Das soll nicht heißen, dass du deinen Garten zu einer Unkrautsteppe verkommen lassen solltest. Damit ziehst du dir nämlich mit Sicherheit den Zorn der angrenzenden Nachbarn zu, weil die Unkräuter recht schnell auch auf deren Grundstücke hinüberwuchern.Entscheidend ist, ob dein Garten abwechslungsreich statt monoton gestaltet ist. Eine Gartenfläche mit einem dauerhaft kurz geschorenen englischen Rasen, in dem es keine Verstecke oder Rückzugsmöglich-

keiten für Vögel und andere Kleinstlebewesen gibt, ist alles andere als vogelfreundlich und wird deshalb von ihnen weitgehend gemieden. Befinden sich dagegen einige Sträucher, ein oder zwei Hochstaudenbeete und vielleicht ein großer Kirschbaum auf einer solchen Rasenfläche, ist diese Landschaft für Gartenvögel ungleich attraktiver. Diese Anziehungskraft kannst du weiter erhöhen, indem du zum Beispiel Hausfassaden mit Weinreben, Efeu, Clematis, Kletterhortensien oder Blauregen begrünst. Solche stark emporwachsenden „Pflanzendickichte" nutzen einige Vogelarten nicht nur zum Nisten, sondern sie finden darin auch reichlich Nahrung, beispielsweise in Form von kleinen Spinnen, Insekten und deren Larven.

Nistplätze und Nahrung in Fülle!

Weinrebe als Fassadenbegrünung

Sträucherparadiese für Vögel

OBST UND BEEREN FÜR FEINSCHMECKER

Regen Zuspruch bekommt deine Vogelpension, wenn es bei dir im Garten viele Sträucher gibt. Tragen diese auch noch Früchte, wirst du die unterschiedlichsten Gäste begrüßen können. Viele Vögel lieben Beeren und Obst und schmausen sich gern vom Sommer bis zum Spätherbst hin durch die saftigen Vitaminbomben.

Sträucher voller Vorteile

Früchte und Beeren liefern zahlreiche Mineralstoffe und Kohlenhydrate, auf die vor allem Zugvögel angewiesen sind, damit sie ihre lange Reise gut überstehen. Die Büsche und Sträucher bieten den kleinen Besuchern aber nicht nur Nahrung, sondern auch Deckung vor Feinden und gute Nistplätze. Vögel wie Zilpzalp, Nachtigall, Zaunkönig und Rotkehlchen lieben das Gewirr an Zweigen und scheuen sich auch vor Dornen nicht. Wer von ihnen dann noch die Früchte mag, aus denen das Versteck besteht, wird sich wie im Schlaraffenland fühlen.

Vegetarische Speisekarte

Möchtest du deinen flatternden Gästen ein reichhaltiges Fruchtsortiment frisch vom Baum anbieten, kannst du aus vielen verschiedenen Sträuchern wählen. Heimische Sträucher sind in der Regel sehr pflegeleicht. Einmal gepflanzt ist außer einem Rückschnitt bei zu üppigem Wuchs nicht viel zu tun. Mit ihren meist leuchtenden Früchten wirken sie auf Vögel wie ein Magnet. Die Mönchsgrasmücke liebt beispielsweise Schwarzen Holunder und befindet sich damit in guter Gesellschaft, denn kaum ein anderer Strauch ist bei deinen Gästen so beliebt. Über 60 Vogelarten stehen auf die kleinen schwarzen Beeren. Willst du also in deiner Vogelpension regelmäßig frisches Obst und Beeren anbieten, setzt du in deinen Garten zwei bis drei heimische Sträucher und deine Gäste geben sich schon bald die Klinke in den Flügel.

Exoten ohne großen Nutzen

Zu den exotischeren Gehölzen zählen Mahonie, Feuerdorn, Kirschapfel, Scharlach-Weißdorn, Kirschlorbeer und Chinesischer Wacholder. Sie ziehen anders als heimische Sträucher nur wenige Gartenvogelarten an. Drosseln und Amseln kannst du mit einer Mahonie locken, viele andere Vogelarten können mit diesen Früchten jedoch nichts anfangen. Wenn du nur wenig Platz in deinem Garten hast, solltest du deshalb den heimischen Sträuchern den Vorzug vor den Exoten geben.

Gute Vogelsträucher

Sehr viele Fans unter den Gartenvögeln haben zum Beispiel: Vogelkirsche, Schwarzer Holunder, Roter Holunder, Waldhimbeere, Weißdorn, Wildbrombeere, Mistel, Wildrosen, Roter Hartriegel, Pfaffenhütchen, Wildbirne, Traubenkirsche, Gemeiner Schneeball, Felsenbirne, Schlehe, Wildapfel, Gemeine Berberitze, Kreuzdorn, Wilder Wein, Kornelkirsche und Schneebeere.

Sitzplatz mit Aussicht: Auf einem alten Zaunpfahl hat man einen super Rundumblick.

Willkommene Sitzplätze für Vogelarten, die bevorzugt Ansitzjagden auf Insekten betreiben, sind an den Enden leicht abgeflachte Zaunpfähle. Als Ansitz werden auch gern Kaminholzstapel gewählt, die zum Trocknen im Garten aufgestapelt sind. Kleine Mauern aus Feldsteinen sowie Lesesteinhaufen strukturieren den Garten ebenfalls und sind zudem naturnah. Alle diese Elemente können sowohl als Deckung für die Insektenjäger dienen wie auch als Ansitz für den guten Überblick sorgen.

Je mehr Strukturen, umso besser

Je strukturreicher dein Garten ist, desto stärker zieht er Vögel an. Zu den Strukturelementen, die auf die meisten Gartenvögel sehr einladend wirken, gehören vor allem Hecken, dichte Strauchgruppen, Bäume sowie üppig mit Weinreben, Efeu oder anderen laubreichen Kletterpflanzen bewachsene Häuser, Lauben, Pergolen und Geräteschuppen. In solchen Gärten finden deine gefiederten Gäste zumeist genügend Nahrung und natürlich auch geeignete, oft etwas versteckt liegende Bereiche, in denen sie in aller Ruhe ihre Nester bauen und den Nachwuchs aufziehen können.

Zahlreiche Nischen- und Halbhöhlenbrüter, wie etwa der Hausrotschwanz oder die Bachstelze, lieben auch unter einem Vordach aufgeschichtete Kaminholzscheite sowie alte Steinmauern, aus denen bereits einzelne Steine herausgefallen sind, als Brut und Nistplätze.

Zaunpfähle sind für viele Vögel gute Ruheplätze, von denen sie außerdem einen sehr guten Rundumblick haben. Am oberen Ende dürfen sie aber nicht spitz zulaufen.

Und ist dein vogelfreundlicher Garten erst einmal reich strukturiert, muss auch nicht zwangsläufig auf eine oder mehrere Rasen- oder Wiesenflächen verzichtet werden. Ganz im Gegenteil, solche Freiflächen sind natürlich ebenfalls gestalterische Elemente und lockern

Platz da, jetzt komm ich!

Ausreichend Freiraum: Zwei Amsel-Männchen tollen auf einer Wiesenfläche umher.

Im Totholz steckt viel Futter!

Nicht nur Spechte – hier ist es ein Buntspecht – profitieren von Totbäumen und Totholz.

die Gartenlandschaft weiter auf. Verteile sie dazu am besten inselartig in deinem Garten. Einige Vogelarten, wie etwa der Star und Amsel stolzieren gern auf diesen Flächen umher, um nach Würmern und kleinen Schnecken zu suchen.

Holzstapel bieten zahlreiche Brutplätze für Halbhöhlenbrüter und eignen sich auch gut als Ansitz.

Teiche und Tränken

Wasser besitzt eine enorme Anziehungskraft – und zwar sowohl auf Vögel als auch auf die meisten anderen Tierarten. Wasser im Garten ist viel mehr als ein Gestaltungselement – es ist der wichtigste Nahrungsbestandteil, denn ohne regelmäßige Flüssigkeitszufuhr kann kein Tier über einen längeren Zeitraum überleben. Deshalb trägt allein schon das Aufstellen einer kleinen Tränke enorm dazu bei, Vögel dauerhaft in den Garten zu locken. Dabei spielt es kaum eine Rolle, ob das Wasser in einer speziell aufgestellten Vogeltränke angeboten wird oder aus einem Sprudelstein herausplätschert, den ein kleines Wasserbecken umgibt.

! ACH SOOO!
Totholz im Garten belassen

Wachsen und vergehen ist der natürliche Prozess des Lebens, den du auch in deinem Garten beobachten kannst. Im Lauf der Jahre stirbt ab und zu ein Baum oder Strauch aufgrund seines fortgeschrittenen Alters ab. Lasse solche Bäume falls möglich so lange stehen, bis sie von selbst umfallen, was mitunter auch ein paar Jahre dauern kann. Die Höhlenbrüter unter den Gartenvögeln werden es dir danken: Kleine Höhlen oder Astlöcher im Totholz werden von ihnen gern als Nistmöglichkeit genutzt. Abgestorbene Äste und Zweige sammelst du auf Reisighaufen, die zusätzliche Verstecke liefern.

Wellness-Oasen für gefiederte Gäste

POOLS UND SANDBÄDER

Um einen Vogel-Spa einzurichten, sind gar nicht viele Dinge nötig. Deine Gäste sind in dieser Hinsicht nämlich wenig verwöhnt: Vom Nichtschwimmerbecken bis zum Freibad ist alles vorstellbar und ein sicherer Platz zum Baden mit Wasser und Sand reicht ihnen völlig aus.

Freibad de luxe

▶ Der ideale Badeplatz bietet den Besuchern freie Sicht auf die Umgebung. Die nächsten Sträucher sind jedoch nicht weit, sodass dein Badegast im Notfall auch mit nassem Gefieder bis dorthin flüchten kann. Schließlich will kein Besucher gern zum Katzenfutter werden, wenn er sich die Federn säubert.

▶ Die Badestelle lässt sich gut anfliegen und das Wasser ist nicht zu tief. Ideal ist ein Wasserstand von 2,5–5 Zentimeter bei kleinen Vögeln, bei größeren können es auch bis zu zehn Zentimeter sein. Das reicht für Vögel, die gern ganz untertauchen, ebenso wie für Piepmätze, die nur mal kurz die Füße kühlen und ein Schlückchen nippen wollen.

▶ Damit die Landung nicht zur Rutschpartie wird, solltest du darauf achten, dass das Poolmaterial nicht zu glatt ist. Ein rauer Schalenrand und ein paar Steine als Inseln in der Wasserfläche bieten den Gartensängern einen guten Stand und erleichtern das Trinken.

▶ Besonders sicher ist dein Pool, wenn er auf einer Stange befestigt ist, an der keine Katzen hochklettern können. Für bodenliebende Vögel kannst du zusätzlich eine Schale auf den Rasen stellen. Beobachte dann wie die Badestellen angenommen werden und versetze sie bei Bedarf ein Stück.

Pfui! Dreck im Pool

Da hat der letzte Badegast doch tatsächlich ein paar Federn gelassen und ins Badewasser gemacht hat er auch. Nun gut, das kommt vor. Selbst wenn es die anderen Vögel nicht offensichtlich stört, in einer gut geführten Pension wie der deinen, wird dieses Malheur natürlich umgehend behoben. Verdrecktes Wasser kann Krankheitskeime und Parasiten enthalten und sollte deshalb täglich durch frisches Nass ersetzt werden. Bei dieser Gelegenheit kannst du auch gleich noch die Schale auswaschen und schon ist wieder alles picobello für die nächsten Wellness-Freunde.

Eisbaden

Eine geeignete Wasserstelle im Garten ist den Piepmätzen Badewanne und Tränke in einem. Sie reinigen dort ihr Gefieder und nehmen dringend benötigte Flüssigkeit auf. Sie sollte deshalb auch im Winter mit Wasser gefüllt sein. Ein Korken hält die Wasserfläche im Winter länger eisfrei.

Von wegen Dreckspatz!

„Kuhle" Sandbäder für Spatzen

Einige Vögel wie der Haussperling schätzen neben dem Planschen im Wasser auch das Bad im Sand. Mit viel Hingabe schleudern und spritzen sie die feinen Körnchen in die Gegend, wälzen sich im Staub und befreien so ihr Gefieder von Milben und anderen Parasiten. Eine Sandkuhle für eine Spatzentruppe ist schnell ausgehoben. Lege das „Tockenbad" an einer Stelle an, wo sich Katzen nicht gut anschleichen können. Gut ist außerdem, wenn das Sandbad unter einem Überstand liegt und dadurch dauerhaft trocken bleibt. Ist die Kuhle in die Erde gegraben, füllst du feinen Sand hinein. Gut geeignet ist zum Beispiel Buddelsand für Kinder. Ihn bekommst du in jedem Baumarkt. Tausche den Sand alle Paar Wochen aus, damit sich mögliche Parasiten nicht von einem Vogel auf den nächsten übertragen.

Spaßiges Plan- schen & Trinken

BAUANLEITUNG FÜR EINE VOGELTRÄNKE

Für eine Erfrischungsmöglichkeit oder ein gemütliches Bad sollte immer gesorgt sein. Dafür bietet unsere Pension genau das richtige: einen hübschen Pool mit Poolbar – Swimmingpool und Wasserspender in einem, sogar mit Ausblick!

Juhuuu, voller Bade- spaß!

MATERIALLISTE

Neben dem geeigneten Werkzeug und ein paar Lappen benötigst du:

- 2 Pflanzteller aus Plastik, ca. 24 und 28 cm Durchmesser

- etwas Speiseöl

- 1,5 kg Beton

- Eimer und Holzstab zum Anrühren

- Steine o. Ä. zum Beschweren

- 3 Schraubösen, 3 cm Durchmesser

- Mosaiksteine in gewünschten Farben

- Mosaikkleber

- Mosaik-Fugenmasse

- 3 Metallketten in gewünschter Länge

- 1 Metallring, ca. 4 cm Durchmesser

So gehst du vor

1 Den großen Pflanzteller von innen und den kleinen von außen mit Speiseöl einreiben.

2 Beton nach Herstellerangaben anmischen. Etwa 1,5 cm hoch in den großen Teller gießen, den kleinen Teller mittig darauf platzieren und beschweren. Zum Schluss den Rand mit Beton ausgießen.

3 Beton ca. 30 Minuten anziehen lassen, dann die Schraubösen im Rand versenken. Beton etwa 24 Stunden antrocknen lassen, dann die Teller entfernen und die Schale mindestens weitere 24 Stunden durchtrocknen lassen.

4 Mosaiksteine mit dem Hammer in kleine Splitter zerschlagen und mit Mosaikkleber an der Schale anbringen. Mindestens 12 Stunden trocknen lassen.

5 Fugenmasse nach Herstellerangaben anmischen und mit dem Spatel so auf der Schale verteilen, dass alle Fugen ausgefüllt sind. Überschüssige Masse grob abschaben.

6 Etwas antrocknen lassen, dann die Steinchen mit einem feuchten Lappen säubern. Etwa 24 Stunden trocknen lassen.

7 An den Kettenenden jeweils das letzte Glied mit einer Zange aufbiegen. Je eine Kette an einer Schrauböse anbringen, die anderen Enden am Metallring befestigen.

Jetzt nur noch die Schale aufhängen und mit frischem Wasser füllen – schon sind Bar und Pool geöffnet.

FERTIG!

Als Vogeltränke eignen sich am besten solche Modelle, die auf einer Säule oder einem senkrecht stehenden Metallrohr montiert sind. Diese Produkte bieten den Vögeln beim Trinken weitaus mehr Schutz als Modelle, die ebenerdig platziert sind. Hier sind die Tiere vermehrt Angriffen von Räubern ausgesetzt.

Da die meisten Vogeltränken nicht besonders tief sind und deshalb nur eine kleine Flüssigkeitsmenge aufnehmen können, solltest du besonders an den heißen Sommertagen das Wasser regelmäßig nachfüllen. Bei dieser Gelegenheit kannst du das Becken auch gleich reinigen und so dafür sorgen, dass die Vögel sich nicht mit Krankheitserregern infizieren. Diese gelangen hinein, wenn die Vögel bei der Wasseraufnahme koten oder in der Vogeltränke ausgiebig baden und dabei das Trinkwasser verschmutzen.

Ein Bad ist sooo verlockend!

Auch Rotkehlchen nehmen gern ein Bad.

Gartenteiche, die sehr flach auslaufende Uferbereiche haben, stellen ebenfalls sehr geeignete Tränken dar. Um den Vögeln eine weitgehend ungestörte Wasseraufnahme zu ermöglichen, kannst du ein paar Natursteine so im Teich platzieren, dass sie 1–2 Zentimeter aus dem Wasser ragen.

Gartenteiche eignen sich gut als Vogeltränke.

Stör ich denn etwa?

Mit ihrem Gebell und ihren schnüffelnden Aktivitäten vergrämen viele Hunde die meisten Vogelarten.

Hund, Katze und Igel

Hunde im Garten, die laut bellend herumtollen, an allem schnüffeln und mit ihren Pfoten Pflanzen ausgraben und Beete zerwühlen, sind nicht sehr förderlich, wenn du vorhast, Vögel im Garten anzusiedeln. Insbesondere Boden- und Heckenbrüter werden durch die Anwesenheit eines lebhaften Hundes verschreckt. Ähnlich abschreckend sind Hauskatzen mit Freigang. Zwar veranstalten sie äußerst selten einen Heidenlärm, dafür stellen sie als natürliche Feinde den Gartenvögeln und deren Nachwuchs nach und erwischen auch das eine oder andere Tier.

Katzen sind hervorragende Kletterer, für die auch senkrecht stehende Gehölze kein Hindernis darstellen, wenn sie Nester plündern und Vögel jagen wollen. Zum Schutz der Baumnester kannst du aber einen schirmartigen Katzenschutz

in 1,5 Meter Höhe um die Baumstämme befestigen. Er lässt sich relativ leicht aus Blech oder stabilem Kunststoff herstellen. Derartige Schutzschirme helfen auch gut gegen Marder.

Nisten Vögel in kleineren Sträuchern, könntest du diese während der Brutzeit mit einem mindestens 1,5 Meter hohen Maschendrahtzaun umgeben. Das sieht nicht hübsch aus, erfüllt aber seinen Zweck. Dieser Zaun wird nach dem Flüggewerden der Jungen wieder abgebaut. In gleicher Weise schützt du auch die Nester von Bodenbrütern. Der Maschendrahtzaun hilft übrigens auch vor Nestplünderungen durch den ansonsten sehr nützlichen und geschätzten Igel, der sich gern in naturnahen Gärten aufhält.

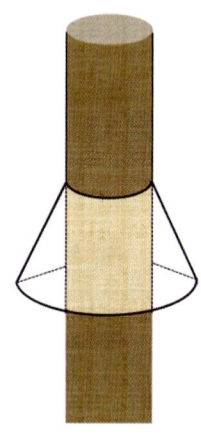

Katzenschutz für alle Baumnester

Auch der Igel plündert gern die ungeschützten Nester von Bodenbrütern.

Deine Lieblinge brauchen etwas Unterstützung!

Zimmer frei – wer nistet wo und wie?

Vögel nutzen als Nistplatz natürliche Gegebenheiten – wie etwa Baumhöhlen oder Nester aus dem Vorjahr – oder bauen ihre Nester eigenständig aus verschiedenstem Nistmaterial in Sträuchern und Bäumen. Darauf sind sie inzwischen nicht mehr allein angewiesen, denn in den letzten 100 Jahren hat es sich herumgesprochen, dass es innerhalb der Vogelwelt zahlreiche Nützlinge gibt.

Seitdem werden insbesondere viele der Singvogelarten gezielt unterstützt, zum Beispiel indem Nistkästen aufgehängt werden. Sie berücksichtigen in ihrer Konstruktion die jeweils besonderen Ansprüche, die die einzelnen Vogelarten an ihre „Kinderstube" haben. Zusätzlich kannst du im Garten auch Nisthilfen in Form von Nistquirlen und Nistbüschen anbringen, die für sogenannte Freibrüter, also Vogelarten, die keine Höhlen beziehen, geeignet sind.

Ein Kleiber am vorgezogenen Einflugloch seines Nistkastens aus Holzbeton

Jedem Gast sein passendes Hotelzimmer – packen wir's an!

Unterstützung für Höhlen- und Halbhöhlenbrüter

Der Nistkasten ist neben dem alten Wagenrad, das die Bauern oft als Unterlage für Storchennester auf den Dächern ihrer Scheunen oder Ställe montierten, die klassischste Form der Bruthilfe. Ein Nistkasten ist schnell montiert und sollte in keinem Garten fehlen. Möchtest du für eine bestimmte Vogelart gleich mehrere

Nistkästen im Garten anbringen, überlegst du besser im Vorfeld, ob dein Grundstück dafür groß genug ist. Während der Brutzeit besetzen die meisten Vogelarten nämlich Reviere, in denen sie keine Artgenossen dulden. Bei der Verteilung der Nistkästen auf einer sehr großen Grundfläche kannst du dich an folgender Faustregel orientieren:

▶ Halte Abstand: Nistkästen für eine bestimmte Art sollten so weit wie möglich auseinanderliegen, damit sich die künftigen Reviere der Vögel möglichst nicht überlappen.

▶ Wenig Platz = viele Arten: Ist dein Garten eher klein, ist es besser, Kästen für unterschiedliche Arten zu installieren statt mehrere Kästen für eine einzige Art anzubringen.

Nistkästen kannst du entweder selbst bauen (Bauanleitungen findest du in diesem Kapitel beziehungsweise für Meisen und Sperlinge hinten bei den Artenporträts) oder im Handel

Die Amsel ist ein Freibrüter, die ihr Nest zumeist in Bäumen oder Sträuchern baut.

kaufen. Dort bekommst du sowohl Modelle aus Holz als auch aus Holzbeton, einem industriell hergestellten Gemisch aus Zement und groben Sägespänen.

Zimmer frei!

Der Nistkasten ist die klassische Form der Bruthilfe.

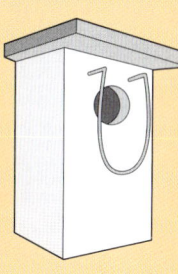

ACH SOOO!
Drahtschleife zur Marderabwehr

Wenn du einen hölzernen Nistkasten ohne vorgezogenes Einflugloch besitzt und diesen mardersicher umgestalten möchtest, benötigst du lediglich etwas Draht. Gut geeignet ist 3–4 Millimeter starker Eisendraht. Biege ihn u-förmig zurecht und befestige ihn anschließend in etwa drei Zentimeter Entfernung vor dem Einflugloch. Schon muss der Marder draußen bleiben!

Zimmer mit Aussicht oder Standard?

BAUANLEITUNG FÜR EINEN KOMBIKASTEN

Für alle diejenigen, die Spaß am Heimwerken haben, hier eine Bauanleitung für einen Nistkasten für Halbhöhlenbrüter mit einem breiten Einflugschlitz. Mit einem passenden Einschub kann er dann auch ganz leicht für Höhlenbrüter umfunktioniert werden.

Perfekt vorbereitet

Für den Grundaufbau des Kombikastens benötigst du die abgebildeten Teile (siehe Materialliste). Das Material besteht aus unbehandeltem Nadelholz. Bohre alle Teile vor, damit das Holz beim Verschrauben nicht platzt.

Eins nach dem anderen

Zuerst verschraubst du die Seitenteile mit der Rückwand.

Anschließend wird der Boden befestigt.

Nun kannst du das Frontbrett anbringen.

Zum Abschluss verschraubst du noch das Dach.

Und fertig ist der vielfältig einsetzbare Halbhöhlennistkasten!

Mit einem passenden Einschub kannst du ihn auch ganz leicht für Höhlenbrüter umfunktionieren (siehe folgende Seite).

MATERIALLISTE

Für den Grundaufbau benötigst du Bretter mit folgenden Maßen:

- 1 verlängerte Rückwand von 40 × 14 cm (damit der Kasten befestigt werden kann)

- 1 Dach von 20 × 14 cm

- 2 Seitenteile, die nach hinten leicht ansteigen: 30 (hinten) bzw. 26 (vorn) × 13,5 cm

- 1 Boden und 1 Frontbrett von 15 × 14 cm

- Werkzeug und Holzschrauben

Einschübe für Höhlenbrüter

Die meisten im Handel erhältlichen oder selbst gebauten Kastenformen sind für Höhlenbrüter gedacht. Auch dein Nistkasten mit breitem Einflugschlitz lässt sich durch ein kleines Einschubbrett in einen Höhlenbrüterkasten umwandeln. Passt man das Einflugloch an die Bedürfnisse der jeweiligen Vogelart(en) an, können dadurch ganz unterschiedliche Brutgäste in deinen Garten gelockt werden. Gut zu wissen: Damit das Einschubbrett nicht immer wackelt, wenn die Eltern durch das Einflugloch schlüpfen, fixierst du es besser mit zwei Holzschrauben.

1

Alle Formen und Größen sind möglich: verschiedene Einschubbretter
mit unterschiedlichem Durchmesser oder Form des Einfluglochs

Mithilfe von Einschubbrettern mit unterschiedlich großen Einfluglöchern
kann man seinen Kombikasten schnell für höhlenbrütende Vogelarten
umrüsten. Der Durchmesser und die Form der Einfluglöcher richten sich
nach den Ansprüchen der in deinem Garten vorkommenden Vogelarten.
Tipps dazu findest du auch hinten bei den Artenporträts.

2

3

Bereit zum Einzug!
Die neue Brutsaison
kann nun beginnen.

EINFLUGLOCH

**Folgende Durchmesser
sollte das Einflugloch haben:**

- Blaumeisen 26 mm
- Tannenmeisen 28 mm
- Kohlmeisen 32 mm
- Sperlinge und Kleiber 34 mm
- Stare 45–50 mm

Reihenquartier für Sperlinge!

Zweilochnistkasten

Sperlingsbatterie

Nistkästen aus Holzbeton bieten den Vorteil, dass sie deutlich langsamer verwittern und aufgrund der Härte des Materials einen besseren Schutz gegen Nesträuber bieten. Insbesondere die Modelle mit vorgezogenem Einflugloch verhindern, dass Marder und Eichhörnchen mit ihren Pfoten bis an die Jungvögel reichen und diese „herausangeln". Noch einen Vorteil hat dieses Einflugloch: Die Altvögel

Nistkästen bringt man vorzugweise in 2,5–4 Meter Höhe an.

müssen sich bei feuchter Witterung nicht mit ihrem nassem Gefieder zwischen die Jungen begeben.

Nicht jeder Nistkasten ist für jeden Vogel geeignet. Entscheidend bei der Auswahl sind die Größe und Form des Einfluglochs sowie der Rauminhalt des Brutraums. Im hinteren Teil des Buches findest du für einige Arten (Meisen und Sperlinge) die erforderlichen Maße des Nistkastens. Zusätzlich sind die Form und der Durchmesser des Einfluglochs angegeben. So benötigt die Kohlmeise zum Beispiel ein rundes Einflugloch, damit sie dort einzieht. Andere Vogelarten haben andere Vorstellungen vom „Eingangsbereich ihrer Kinderstube". Beispielsweise mag der Gartenrotschwanz am liebsten Nistkästen, die ein ovales Einflugloch besitzen. Dagegen akzeptiert der Hausrotschwanz nur eine „Behausung", die entweder einen breiten, sich über die gesamte Vorderfront erstreckenden Einflugschlitz oder zwei dicht nebeneinander befindliche, ovale Einfluglöcher aufweist, deren Abmessungen etwa 3,2 × 5 Zentimeter betragen.

Solche Zweilochkästen sind übrigens auch bei anderen Halbhöhlenbrütern, wie etwa bei Bachstelzen und Rotkehlchen, beliebt. Wenn du mehrere als Batterie nebeneinander installierte Zweilochkästen anbringst, wirst du dich sicher bald an Haussperlingen erfreuen können. Spatzen, wie sie umgangssprachlich genannt werden, legen keinen großen Wert auf ein eigenes Revier. Sie sind sehr gesellig und brüten lieber in der Nähe von Artgenossen.

Schwalben bauen halbrunde Nester aus Lehm und Schlamm. Für sie bietet der Handel Nistschalen aus Holzbeton an, die du leicht unter einem Dachvorsprung an der Hauswand installieren kannst. Für die Schwalben ist das praktisch, denn sie müssen sich dadurch nicht um den Nestbau kümmern und können sich sofort auf ihr Brutgeschäft konzentrieren. Eine Bauanleitung zu einer Nisthilfe für Mehl- und Rauchschwalben findest du ebenfalls hinten bei den Artenporträts.

Der Zaunkönig mag es kugelförmig und am Eingang überdacht. Entsprechend geformte Nistkästen bekommst du ebenfalls im Handel.

Kinderhotel mit Vollpension: Ein Zaunkönig serviert das bestellte All-you-can-eat-Menü.

Brennholzstapel mit Halbhöhle

Eine Nisthilfe kannst du auch in einem Brennholzstapel, der unter einem Vordach trocknet, unterbringen. Ohne größeren Aufwand lässt sich dort eine Halbhöhle einbauen. Du benötigst dafür lediglich ein rundes Holzscheit, das einen um etwa 4–5 Zentimeter geringeren Durchmesser hat als die anderen Scheite. Damit die Halbhöhle sowohl einen Sichtschutz als auch einen ausreichenden Rauminhalt erhält, ist es ratsam, das „Halbhöhlen-Scheit" zuvor noch zu bearbeiten. Führe mit einer Säge zwei Schnitte aus: einen horizontalen und einen

vertikalen und nimm dadurch Holz weg. Das Ergebnis soll ein Scheit sein, das an einem Ende eine vier Zentimeter breite und etwa 3–4 Zentimeter hohe Restkante hat. Stecke dieses Scheit im oberen Bereich des Stapels zurück zwischen die anderen Hölzer, sodass die erhöhte Kante zur Vorderseite zeigt.

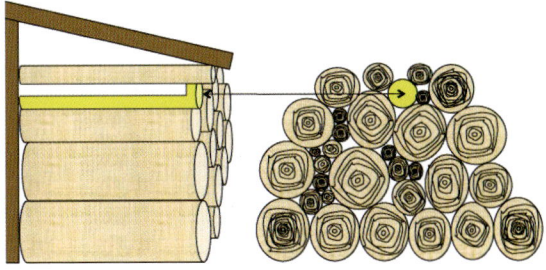

Schematische Darstellung einer in einem Holzstapel eingebauten Halbhöhle

Komfort-Gästezimmer

NISTMATERIAL ANBIETEN

Es geht doch nichts über ein gemütliches Heim und ein bequemes Bett. Auch Vögel geben sich viel Mühe mit der Ausstaffierung ihrer Behausung. Dabei kannst du sie unterstützen. Doch was benötigen die verschiedenen Vögel für ihre kuscheligen Kinderbetten und Nester überhaupt?

Die Bettausstattung bereitstellen

Ein Häufchen Heu da und eines dort auf dem Rasen, ein paar Fasern und Federn in der Astgabel befestigt oder unter ein Stück grobe Rinde gesteckt, ein bisschen Moos auf dem Boden ... Es wird nicht lange dauern, bis deine Federfreunde die Schätze entdecken und plündern. Falls es für diese Art der Geschenkübergabe zu windig oder zu nass ist, kannst du das Material auch in einem Meisenknödel-Spender verstauen, sodass sich deine Gäste ganz nach Gusto das Passende herauszupfen können.

Kuschelige Kinderbetten

Im Frühjahr kannst du sie dabei beobachten, wie sie eifrig hin und her
fliegen, den Schnabel voll mit Nistmaterial. Im Nest wird dann gewoben,
geflochten und geglättet, gestampft, gepolstert und gestopft. Schön weich und warm soll es sein,
wenn die Kleinen schlüpfen. Abhängig von der Vogelart ist das Nest selbst mal mehr, mal weniger
kunstvoll gebaut. Einig sind sich aber fast alle Flieger darin, dass es innen kuschelig sein muss.

Natürlich kannst du deinen gefiederten Freunden passende Zimmer für ihren Aufenthalt anbieten, ihr Bett machen sie sich aber gern selbst. Nistkästen vorab mit weichen Materialien zu
füllen, ist deshalb gar nicht nötig. Sinnvoll ist es dagegen, den Flattermännern und -frauen geeignetes Nistmaterial anzubieten. So kann sich jede Art ganz nach ihren Vorlieben betten. Häufig
finden die Piepmätze in modernen durchgestylten Gärten davon nämlich nicht genug. In Schot-
terbeeten ist ihre Suche dann vollends vergeblich. Am einfachsten haben sie es in einem naturnahen Garten. Ein, zwei verwilderte Ecken im Garten mit Totholz und trockenem Laub, dazu
Stauden, die auch über den Winter stehenbleiben, Moos in Gehwegfugen und trockener Rasen-
schnitt sind Paradiese für Nestbauer. In solch einem Garten werden sich viele Gefiederte einfinden und sich schnappen, was der Schnabel tragen kann.

Die Bettausstattung besorgen

▶ Flechten, kleine Zweige, Baumrinde und Moos findest du im Wald.
Trockne das Moos auf der Fensterbank, bevor du es deinen Gästen
anbietest.

▶ Kokos- und Sisalfasern sowie Heu sind im Handel erhältlich.

▶ Naturbelassene Schafwolle findet sich auf Schafweiden und an den Umzäunungen, kann
aber natürlich auch im Handel bestellt werden. Vielleicht hast du im Wollkorb auch noch
ein paar Wollreste (keine Kunstfasern!). Jede Art von Wolle darf aber nur ganz kurz
geschnitten angeboten werden, damit sich die Vögel nicht mit den Fäden strangulieren
können.

▶ Federn aus Omas altem Daunenkissen oder aus dem Hühnerstall sind unter Piepmätzen
heiß begehrt.

▶ Schwalben bauen ihr Nest aus Lehm und auch Amseln stabilisieren ihre Behausung mit
Erde. Deshalb ist es gut, wenn du ihnen auch eine kleine Schlammkuhle anbieten kannst,
aus der sie sich mit Bau- und Nistmaterial versorgen können.

Zimmerservice bitte!

Den Nistkasten bitte jedes Jahr im Spätherbst gründlich reinigen.

Bestens angebracht

Du hast einen Nistkasten gekauft oder selbst gebaut? Dann steht nun die Montage an. Folgendes solltest du dabei beachten:

▶ Die ideale Höhe für den Nistkasten liegt zwischen zweieinhalb und vier Metern.

▶ Befestige den Kasten nur an Bäumen, die auch einem kräftigen Wind standhalten. Schließlich soll der Nistkasten nicht samt Nestlingen hin und her schaukeln.

▶ Wähle Bäume aus, die im Sommer gut belaubt sind. Das gibt den Vögeln ein Gefühl von Sicherheit.

▶ Bringe den Nistkasten zwischen Dezember und März an, da dann die Brutzeit der Vögel noch nicht begonnen hat.

▶ Richte den Nistkasten mit der Einflugöffnung nach Osten, Südosten oder Süden aus. Ganz unvorteilhaft sind nach Westen ausgerichtete Einflugöffnungen, weil diese Himmelsrichtung vielerorts die „Wetterseite" ist und durch kräftige Windböen dann leicht Regentropfen in den Kasten gelangen.

▶ Wenn du einen Kasten selbst baust: Streiche ihn innen nicht mit stark riechenden Farben an. Vögel nehmen eher Behausungen aus naturbelassenem Holz an. Zum Schutz vor Feuchtigkeit nagelst du ein Stück Dachpappe auf das Dachbrett. So hält der Nistkasten länger und ist zusätzlich gegen starke Sonneneinstrahlung geschützt.

Futterquellen gezielt auswählen

Möchtest du einen Nistkasten vor allem deshalb anbringen, damit dessen künftige Bewohner möglichst viele Schadinsekten verputzen, ist es günstig, ihn möglichst weit weg von den potenziellen Futterquellen aufzuhängen. Die Bewohner des Nistkastens suchen nämlich fast nie in der direkten Nähe ihres Hotelzimmers nach Nahrung. Im Gegenteil: Diesen Ort möchten sie eher geheim halten, um keine Fressfeinde anzulocken. Wie vorsichtig die meisten Vögel sind, merkst du oft schon daran, dass die Piepmätze nach erfolgreicher Futtersuche nie direkt in den Nistkasten fliegen, sondern vorher in etwa 5–7 Metern Entfernung einen Zwischenstopp einlegen. Aus dieser sicheren Distanz halten sie nach eventuellen Gefahren Ausschau. Erst wenn sie sich überzeugt haben, dass die Luft rein ist, fliegen sie zur Kinderstube und füttern dort ihre Jungen.

Frühjahrsputz im Herbst

Um die Nistkästen auf die kommende Brutsaison vorzubereiten, empfiehlt es sich, diese bereits zwischen Oktober und Dezember zu reinigen. Falls etwas beschädigt oder kaputt ist, kannst du es dann auch gleich in Ordnung bringen. Zum Reinigen entfernst du zunächst das alte Nistmaterial. Das ist wichtig, weil sich dort mitunter Milben und Krankheitserreger tummeln. Anschließend wäschst du den Kasten mit warmem Wasser aus und lässt ihn gründlich durchtrocknen. Zum Schluss gibst du eine Handvoll trockenes Moos hinein. So finden deine Gäste im Frühjahr bereits einen kuscheligen und weichen Nestunterbau vor. Ein solcher Unterbau unterstützt die Vögel beim Nestbau vor allem in stark verregneten Frühjahren, da sie dann nicht genügend trockenes Nistmaterial vorfinden.

Saubere Pension – gesunde Gäste!

ACH SOOO!

Ein Kotbrett für die Schwalben

Wenn Schwalben beginnen, an einer Hauswand ihre Nester zu bauen, sehen das viele Hausbesitzer mit gemischten Gefühlen. Dabei sind meist nicht die Nester das eigentliche Problem, sondern der Kot, den die geschlüpften Jungen später reichlich von dort oben fallen lassen. Er landet häufig an der Wand oder auf dem Boden unter dem Nest. Stört dich das, besorgst du dir ein etwa 25 Zentimeter breites Brett und befestigst es ca. 60 Zentimeter waagerecht unter dem Nest. Dieses Kotbrett säuberst du nach dem Auszug der Gäste.

Strandhaus-Luxus-Suite

BAUANLEITUNG FÜR 5-STERNE-UNTERKUNFT

Das Herzstück einer guten Pension sind natürlich die Zimmer. Sind sie hübsch, sauber und zweckdienlich, fühlen sich die Gäste wohl. Hier findest du die Bauanleitung für ein kleines Strandhaus-Appartement, das keine Wünsche offen lässt und sich bestimmt toll in deinem Garten macht. Das Einflugloch kann beliebig verkleinert, vergrößert oder versetzt werden, sodass du jedem Gast eine individuell zugeschnittene Unterkunft anbieten kannst.

Zuerst die einzelnen Bauteile aus den Brettern zusägen:

Mit dem Vorderteil beginnen (bei unsauberem Zusägen orientieren sich daran die restlichen Maße). Das 20 cm breite Brett mit Schraubzwingen an einer Arbeitsplatte fixieren. 30 cm abmessen und an der Breite des Brettes den Mittelpunkt markieren. Von diesem Punkt aus mithilfe eines Geodreiecks im 45-Grad-Winkel die beiden Dachschrägen anzeichnen und alles zusägen.

Alle Kanten des Vorderteils abmessen und die Rückseite danach zusägen: Breite des Brettes minus zweimal die Stärke der Bretter (20 cm – 3,6 cm = 16,4 cm), Höhe des Brettes minus einmal die Stärke der Bretter (30 cm – 1,8 cm = 28,2 cm). Dachschrägen auf die gleiche Weise anzeichnen wie bei der Vorderseite und ebenfalls zusägen.

Für das Dach zunächst ein 40 × 15 cm großes Stück aus dem 20 cm breiten Brett zusägen. Die erforderliche Länge der Dachteile ergibt sich aus den Maßen der Schrägen am Vorderteil plus 3 cm für den Dachüberstand. Um möglichst genau zu arbeiten, zuerst an der Stichsäge einen Gehrungswinkel von 45 Grad einstellen und das 40 cm lange Brett in der Mitte (bei 20 cm) durchsägen. Dann vom höchsten Punkt der Gehrung die errechnete Länge einzeichnen und die beiden Dachteile entsprechend einkürzen.

Für die Seitenwände ein 50 cm langes Stück vom 10 cm breiten Brett absägen und dieses mittig mit einem Gehrungswinkel von 45 Grad teilen. Jetzt die Seitenkanten des Vorderteils abmessen und dieses Maß vom höchsten Punkt der Gehrung ausgehend bei beiden Stücken einzeichnen. Die Seitenwände entsprechend einkürzen.

Zuletzt aus dem 20 cm breiten Brett ein 26 × 15 cm großes Stück für die Bodenplatte zusägen.

MATERIALLISTE

Als Baumaterial benötigst du außer dem üblichen Werkzeug:

- 1 Leimholzbrett, Fichte unbehandelt, 200 × 20 × 1,8 cm
- 1 Leimholzbrett, Fichte unbehandelt, 200 × 10 × 1,8 cm
- Schraubzwingen, Maßband, Geodreieck, Bleistift, Stichsäge und Schleifpapier
- Bohrmaschine, Bohrer in Größe 5, Bohraufsatz zum Aussägen, 8 cm Durchmesser
- eine Handvoll Stahlnägel, 4 cm lang
- Holzstab, ca. 30 cm lang, 8 mm dick
- Holzschraube, 3 cm lang, 3 mm dick
- Express-Holzleim
- weiße Acrylfarbe und in gewünschten Farben, Malerkrepp (2 cm breit) und Masking-Tape (1 cm breit), Pinsel
- 6 Schraubhaken
- 6 Bastelhölzer, natur, 15 × 2 cm, Flüssigklebstoff

Eins nach dem anderen

Die Vorderseite mit Schraubzwingen fixieren und an dessen Spitze das Einflugloch mit einem Bohraufsatz ausschneiden. Anschließend an allen zugesägten Bauteilen die Kanten gründlich mit Schleifpapier glätten.

Nun beginnt der Zusammenbau. Das Vorderteil – wie abgebildet – mit Stahlnägeln an den Seitenwänden befestigen.

Den halbfertigen Korpus oben und unten auf der Bodenplatte anzeichnen. Aber Achtung: Der Boden schließt nicht bündig mit den Seitenwänden des Korpus ab, sondern ist um eine Brettbreite nach vorn versetzt, denn in diese Lücke wird später die Rückwand eingefügt.

Die Dachschrägen im rechten Winkel an der Gehrung zusammenfügen und von beiden Seiten mit Nägeln befestigen.

Entsprechend der Bleistiftmarkierung 3–4 Luftlöcher in die Bodenplatte bohren. So kann später Feuchtigkeit aus dem Innenraum besser abziehen. Dann die Bodenplatte entsprechend der Markierungen am Korpus festnageln.

Im Innenraum den Abstand zwischen den Seitenwänden abmessen. Dieses Breitenmaß für die Länge des Holzstabs verwenden und zusägen. Das restliche Stück des Holzstabs als Sitzstange für das Vorderteil aufbewahren. Das lange Stück – wie abgebildet – in 2 cm Tiefe (oder Brettstärke) mit Holzleim einkleben. Zusätzlich am Boden und an den Seitenwänden vier Schraubhaken anbringen.

Anschließend das Dach – an der Rückseite bündig mit den Seitenwänden – auf das Haus setzen, sodass es dann vorn 3 cm übersteht. Das Dach mit Nägeln fixieren.

Prüfen, ob nun alles passt. Die Haken und die Holzstange halten die Rückwand später in Position.

Zum Abschluss folgt der Fassadenanstrich. Das ganze Haus inklusive Rückseite von außen einmal komplett weiß anmalen. Farbe gut trocknen lassen. Dann an allen Wänden Streifen in der Breite des Malerkrepps abkleben und diese Bereiche in einer gewünschten Farbe anstreichen. Trocknen lassen und Kreppband abziehen. Danach an den Übergängen ca. 5 mm breite Streifen mit Masking-Tape abkleben und in einer weiteren gewünschten Farbe anstreichen. Zusätzlich die Dachkante gründlich abkleben und ebenfalls in einer der Farben streichen.

Während die Farbe trocknet, aus den Bastelhölzern einen Zaun bauen und zusammenkleben. Die Enden um ca. 3 cm mit einer Schere kürzen. Den Zaun in einer der Farben anmalen und trocknen lassen. Währenddessen die Sitzstange weiß streichen und ebenfalls trocknen lassen.

Wenn alles fertig getrocknet ist, das Tape an den Wänden abziehen und den Zaun ankleben. Er lässt sich nicht anschrauben oder annageln, da dies die Hölzer spaltet.

Von innen die kleine Holzschraube in die Vorderwand drehen, sodass sie auf der Vorderseite heraussteht. An dieser dann die Sitzstange sicher befestigen (möglichst mit einem Handbohrer eine Führung vorbohren).

Zum Schluss auch das Tape an der Dachkante abziehen. Die Rückwand einsetzen und mit den vier Schraubhaken sichern. Zwei zusätzliche Schraubhaken als Aufhängung anbringen. An prominenter Stelle im Garten aufhängen und schon ist das neue Strandhaus bezugsfertig!

Tipp: Diese Bauanleitung lässt sich beliebig abwandeln. Neben einem anderen Farbanstrich kann das Appartement auch zusätzlich mit Zargen und Blenden auf dem Dach oder am Haus verziert werden. Und natürlich kann auch das Einflugloch beliebig vergrößert, verkleinert oder versetzt werden, um für jeden Gast die perfekte Behausung zu bieten. Hilfreiche Hinweise dazu befinden sich bei den Artenporträts.

Spezielle Nisthilfen für Freibrüter

Diejenigen Vogelarten, die ihre Kinderstuben nicht in Höhlen einrichten, kannst du im Garten oder auch in der freien Natur durch verschiedene Nisthilfen unterstützen. Sie verhelfen den Vögeln ohne großen Aufwand zu einem stabilen Nest und sorgen dafür, dass sie von Blicken ungestört ihrem Brutgeschäft nachgehen können. Nisthilfen sind relativ leicht herzustellen.

Nistquirle

Um einen Nistquirl anzufertigen, bindest du Anfang April einige belaubte Zweige von Sträuchern (in etwa 1–2 Metern Höhe über dem Erdboden) vorsichtig mit Bindfaden oder Draht zusammen. Die Form, die dabei entsteht, soll einem Trichter gleichen. Achte beim Zusammenbinden darauf, dass du die Zweige nicht „strangulierst". Die Saftzirkulation in ihnen muss erhalten bleiben, sonst stirbt das Laub ab und die Vögel nehmen den nackten Strauch als

Für einen Nistquirl werden Zweige trichterartig zusammengenommen. Anschließend werden die Zweige mit Bindfaden oder Draht fixiert.

Fast wie an Weihnachten!

Ein Nistbusch aus Nadelreisig wird an einen Baumstamm gehalten. Mit Draht oder Bindfaden wird der Nistbusch am Baumstamm befestigt.

Nistplatz nicht an: zu wenig Sichtschutz! Damit sich nach dem Brüten die Zweige wieder natürlich ausrichten können, löst du im Spätsommer die Nistquirle. Im folgenden Frühjahr kannst du an einer anderen Stelle desselben Strauches einen neuen anlegen.

Nistbüsche

Eine weitere Nisthilfe stellt der Nistbusch dar. Zu dessen Bau benötigst du ein Bündel von 50–70 Zentimeter langen Zweigen von Nadelbäumen. Besonders gut haben sich Kiefernzweige bewährt, da sie ihre Nadeln nicht so schnell verlieren wie beispielsweise Fichten. Binde die Nadelbaumzweige ähnlich wie bei einem Blumenstrauß unten zusammen. Anschließend befestigst du das obere und untere Ende dieses Straußes mit einem geschmeidigen Draht oder einer starken Angelschnur in 1,5–1,8 Metern Höhe an einem Baumstamm. Achte beim Anbringen darauf, dass zwischen dem Nistbusch und dem Stamm eine handtellergroße Mulde entsteht. In sie bauen die Vögel später ihr Nest.

Nisttaschen

Eine andere Konstruktion ist die Nisttasche. Diese baust du am besten aus jungen, saftigen Weiden- oder Haselzweigen, die eine Länge von 100–150 Zentimetern haben sollten. Schneide passende Zweige ab und binde sie in einer Höhe von 100–120 Zentimeter nach unten hängend an einem Baumstamm fest. Anschließend biegst du die herabhängenden Zweigenden bis in Höhe der Befestigung zurück und bindest sie dort ebenfalls an. Das Ergebnis ist ein röhrenähnlicher Hohlraum, in den später das Nest gebaut wird. Als Sichtschutz

flichtst du zum Schluss noch einige Kiefernzweige in die Nisttasche ein.

Damit sich auch Hotelgäste für die Nistbüsche und -taschen finden, bringst du sie an der wetterabgewandten Seite eines Baumstamms an. Kein Vogel mag windzerzaust seinem Nistgeschäft nachgehen. Günstig ist es außerdem, wenn der Baum – und damit der Nistbusch oder die Nisttasche – von mehreren Sträuchern umgeben ist, die für zusätzlichen Sichtschutz sorgen.

Geht ganz einfach!

Junge Zweige werden nach unten gerichtet an einen Baum festgebunden. Anschließend zieht man die unteren Zweigenden hoch, bindet die Nisttasche gut fest und flicht einige Koniferenzweige ein.

Reisighaufen

Manchmal lässt sich die Natur im Frühjahr relativ viel Zeit und die Bäume und Sträucher bilden erst spät ihr Laub aus. Unter solchen Bedingungen sind einige zeitig brütenden Vogelarten dankbar, wenn im Garten noch ein großer Reisighaufen nach dem herbstlichen oder winterlichen Ausschneiden der Obstgehölze liegen geblieben ist. Die betreffenden Vogelarten nehmen solche Haufen gern als Ersatznistplatz an, und bauen ihre Nester in dem Zweiggewirr. Wenn du feststellst, dass Vögel darin nisten, bleibt der Reisighaufen eben so lange liegen, bis die Vögel ihr Brutgeschäft beendet haben und die Jungen flügge geworden sind.

Ein positiver Nebenaspekt solcher Ersatznistplätze besteht darin, dass sie auch als Versteck und Zufluchtsort für kleine Vögel dienen können. Trotz des dichten Gewirrs von Zweigen, das darin herrscht, sind kleinere Vögel in der Lage, sich schnell und geschickt darin zu bewegen. Damit sind sie deutlich im Vorteil gegenüber Katzen und Mardern sowie größeren räuberischen Vögeln. Diese können dort entweder gar nicht eindringen oder kommen darin kaum voran.

Wer wohnt hier denn?

NEST, HÖHLE ODER HORST?

Vogelnester können ganz unterschiedlich aussehen und konstruiert sein. Einige erinnern an Schalen, andere von der Form her an alte Lehmbacköfen und manche an zufällig angeschwemmtes Treibgut. Bei genauer Betrachtung sind viele von ihnen aber regelrechte Kunstwerke aus Zweigen, Gras, Daunen und Moos.

Schwimmnest

Wasservögel wie der Haubentaucher oder Schwäne bauen schwimmende Nester aus Zweigen, Ästen, Schilf und Blättern, die wie eine Insel aussehen. Meist schafft das Männchen das Nestmaterial heran, während das Weibchen die Fracht in Form bringt. Schwimmende Nester haben den Vorteil, dass die Räuber nicht so leicht an die Eier oder an die Jungtiere herankommen.

Kugelnest

Schwanzmeisen und Zaunkönige bauen Kugelnester. Sie bestehen üblicherweise aus kleinen Zweigen, Stängeln, trockenen Blättern, Moos und Wurzeln und ergeben eine ovale bis runde Form. Der Eingang liegt seitlich. Das Nest kann zwischen Wurzeln und Maueröffnungen aber auch in Sträuchern und Hecken befestigt werden.

Horst

Greifvögel und Störche nisten in einem Horst. Er befindet sich hoch über dem Boden – entweder in der Krone von Bäumen oder auf einem Dach oder Telefonmast. Ein Horst kann gewaltige Ausmaße annehmen und aus recht starken Ästen gebaut sein. Horste werden über mehrere Jahre genutzt und bei Bedarf ausgebessert.

Hängendes Nest

Kunstvoll baut der Teichrohrsänger sein schwebendes Nest zwischen die Halme von Röhricht. Es bewegt sich mit dem Wind und ist hochwassergeschützt in einer Höhe von etwa einem halben bis einem Meter über der Wasseroberfläche angebracht. Auch der Pirol befestigt sein Nest hängend – allerdings zwischen den hohen Astgabeln von Laubbäumen.

Höhlen

Viele Vögel wie der Specht, verschiedene Meisenarten, Stare und Kleiber nisten in Höhlen. Manchmal werden die Behausungen selbst gebaut, zum Beispiel vom Specht, oder die Vögel beziehen bereits vorhandene Höhlen. Auch der Eisvogel, der Löcher in Uferböschungen gräbt, zählt zu den Höhlenbrütern. Er baut für jede Brut ein neues Nest im Ufer, da das alte völlig verdreckt ist, bis die Jungen flügge geworden sind.

Offenes, napfförmiges Nest

Viele heimische Singvögel bauen Nester, die an eine Schüssel erinnern. Zu ihnen gehören der Buchfink, die Amsel und die Singdrossel. Die Eier liegen tief darin und sind nicht sofort zu sehen. In der Regel sind die Nester gut gepolstert und im Gebüsch versteckt.

Schon mal gesehen? Beispiele für Vogelnester!

Im Speisesaal – Futter frei Haus!

Willst du deinen gefiederten Gartenbesuchern auf Dauer etwas Gutes tun, solltest du bei Insekten und Schnecken im Garten auch mal ein Auge – oder sogar beide – zudrücken. Zugegeben, bei vielen „Krabblern" und „Schleimern" handelt es sich um Schädlinge, denen einige Gartenbesitzer gern auch mit Bioziden zu Leibe rücken. Allerdings wirken die meisten dieser Schädlingsbekämpfungsmittel nicht selektiv. Im Gegenteil – sie vernichten oder schädigen auch nützliche Arten wie zum Beispiel Honigbienen und Marienkäfer.

Auch Landwirte und Forstleute verwenden gern die berüchtigte „chemische Keule" bei der Schädlingsbekämpfung. Als Gartenbesitzer gilt es hier Nutzen und Schaden abzuwägen, denn oft sind solche Radikaleinsätze im heimischen Garten gar nicht erforderlich. Es gibt viele gute Alternativen, die Schädlinge wirkungsvoll einzudämmen. Nachfolgend findest du einige davon vorgestellt.

Die fleißigen Honigbienen sind als Blütenbestäuber unverzichtbar.

Kohlpflanzen abdecken

Selbstverständlich möchtest du nicht, dass deine mühsam aufgezogenen Kohlpflanzen zu einem Schlemmerbüfett für die scheinbar nimmersatten Larven (umgangssprachlich meist als Raupen bezeichnet) der Kohlweißlinge werden. Trotzdem solltest du gut überlegen, ob es wirklich notwendig ist,

Ein chemiefreier Garten ist gut für Vögel und uns Menschen - hier findest du praktische Lösungen!

Abdecken von Kohlpflanzen mit Netzen

die Pflanzen mit Chemie prophylaktisch gegen Kohlweißlingslarven zu behandeln. Eine Abdeckung mit einem feinmaschigen Insektennetz erzielt nicht nur den gleichen oder sogar besseren Effekt, sondern hat auch weitere positive Auswirkungen: Bei einem derartigen „Netzeinsatz" läufst du keine Gefahr, chemische Rückstände von nicht abgebauten Pflanzenschutzmitteln, die von den Kohlpflanzen über die Wurzel aufgenommen wurden, mitzuessen. Außerdem schädigst oder tötest du durch die Nutzung eines solchen Netzes keine nützlichen Insekten und sonstige Kleinlebewesen. Eine gute Sache!

Nützliche Insektenarten wie der Siebenpunkt-Marienkäfer fressen zahlreiche Schädlinge wie beispielsweise Blattläuse.

Schneckenfraß

Eine weitere Möglichkeit zum Schutz wertvoller Salat- und Gemüsepflanzen – in diesem Fall vor Schneckenfraß – besteht darin, sie mit

Schnecken verboten!

Studentenblumen kennst du auch unter dem Namen Tagetes. Für Schnecken sind sie eine unwiderstehliche Lockfalle.

einer dichten Rabatte sogenannter Lockpflanzen zu umgeben. Dafür eignen sich unter
anderem Studentenblumen (Gattung *Tagetes*)
hervorragend. Diese Blumen sind für die
Nacktschnecken absolute Leckereien, sodass
sie sich dann fast nie an den übrigen Garten-
pflanzen vergreifen. Das ist dann aber auch
gleich die Kehrseite der Medaille. Schnecken-
bekämpfung mit Lockpflanzen hat den Nach-
teil, dass du die unliebsamen Schnecken quasi
mit Blüten mästest. Sieh es als Chance!
Machen sich die „Schleimer" über deine
Blumen her, passt du den richtigen Zeitpunkt
ab und sammelst sie gezielt und in großen
Mengen von den Studentenblumen ab und
entsorgst sie anschließend. Problem gelöst!

Blattlausbekämpfung

Anstatt Chemikalien zu verwenden, kannst du
dem Blattlausbefall vorbeugen und auf ein
altes und bewährtes Mittel zurückgreifen:

Blattläuse gehören zu den häufigsten
Pflanzenschädlingen.

Brennnesseljauche zur Blattlausbekämpfung

Brennnesseljauche. Dieses Mittel erweist
sich nicht nur als völlig harmlos für andere
Insekten, sondern die Tropfen, die zu Boden
fallen, stellen auch einen guten Pflanzen-
dünger dar.

Zur Herstellung von 30 Liter Jauche brauchst
du etwa 4–5 Kilogramm frische Brennnesseln.
Diese zerkleinerst du mit der Gartenschere
und gibst sie in einen großen Behälter, beispielsweise eine leere Regentonne oder eine
saubere Mörtelwanne. Dann gießt du Wasser
dazu und lässt diesen Ansatz fünf Tage lang an
einem sonnigen, warmen Platz stehen. Während dieser Zeit entwickelt sich der Ansatz zu
einer unangenehm riechenden Brühe, aus der
du vor dem Versprühen beziehungsweise Ver-
gießen, noch die teilverrotteten Brennnessel-
stücke entfernst. Dazu spannst du ein Stück
Sackleinen als Filter über einen leeren Eimer
und gießt die Jauche hindurch. Zum anschlie-
ßenden Versprühen (pur oder verdünnt) ist
eine handelsübliche Pflanzenspritze am besten
geeignet. Die Arbeit ist der Mühe allemal wert,
denn die Jauche lässt sich vielseitig einsetzen
und ist in der Herstellung unschlagbar günstig.

Hier kommt ihr nicht durch!

Leimring an einem Obstbaum

erzielen. Binde gegen Ende Mai einen mindestens 15 Zentimeter breiten Wellpappestreifen um jeden Stamm. Sowohl die Larven des Apfelwicklers *(Cydia pomonella)* als auch die des Pflaumenwicklers *(Grapholita funebrana)* nehmen solche Wellpappestreifen gern als Versteck an. Anschließend kontrollierst du die Streifen einmal wöchentlich auf unliebsame Bewohner. Entdeckst du bei dieser Kontrolle Larven, die es sich darin gemütlich gemacht haben, bindest du die Streifen einfach ab und tauschst sie gegen neue aus. Achte deshalb darauf, dass du immer einen kleinen Vorrat an Wellpappestreifen hast.

Obstbäume schützen

Um nützliche Insekten zu schonen und gleichzeitig Obstgehölze vor den Larven des Kleinen Frostspanners *(Operophtera brumata)* zu schützen, eignen sich sowohl die im Handel erhältlichen Leimringe als auch Wellpappegürtel. Die Leimringe bestehen aus Papier oder Kunststoffgewebe, das mit klebrigen Substanzen beschichtet wurde. Spannst du diese Leimringe um die Stämme der Obstbäume, kannst du neben den flugunfähigen Weibchen des Frostspanners auch Ameisen und Blattläuse fangen, die an den Gehölzen emporklettern wollen.

Ein ähnlicher Effekt lässt sich an Obstbäumen ebenso mit einem „Gürtel" aus Wellpappe

ACH SOOO!
Farbtafeln gegen Schadinsekten

Mit Farbtafeln kannst du schädliche Insekten gezielt bekämpfen. Bei diesen Tafeln handelt es sich meistens um leuchtend gelbe Platten, die mit klebrigen Substanzen bestrichen sind. Eine Vielzahl von Schädlingen, darunter geflügelte Blattläuse, Weiße Fliegen und Trauermücken, finden diese Tafeln äußerst attraktiv und lassen sich so leicht anlocken. Geradezu unwiderstehlich wirkt die gelbe Farbe auf diese Insekten – und sind sie erst einmal auf der klebrigen Oberfläche gelandet, können sie sich nicht mehr befreien.

Gut für alle Nützlinge!

hôtel de luxe pour insectes

Superhelden gegen Blattläuse!

Florfliegen und vor allem ihre auch als „Blattlauslöwen" bezeichneten Larven zählen zu den wichtigsten Blattlausvertilgern im Garten.

Insektenhotels und Nützlingsquartiere

Bei ihrer Suche nach Insekten und deren Larven sind die Gartenvögel leider nicht darauf programmiert, nur solche zu fressen, die unserer Meinung nach Schädlinge darstellen. Stattdessen verschwinden auch zahlreiche nützliche Insekten in ihren Schnäbeln. Möchtest du diese Insektenarten gezielt fördern und sie bei ihrer Vermehrung sowie beim Überwintern unterstützen, kannst du ihnen im Garten ein sogenanntes Insektenhotel zur Verfügung stellen. Dabei handelt es sich um einen regalähnlichen, aus Kant- oder Rundhölzern gefertigten Stand, der mit einer Überdachung versehen ist. Um eine möglichst große Vielfalt von Verstecken zu gewährleisten und damit den Ansprüchen zahlreicher Insektenarten zu genügen, füllst du die einzelnen Etagen mit ganz verschiedenen Materialien aus. Gut

geeignet sind Hohlblocksteine, Bambusrohre, Schilfhalme, leere Schneckengehäuse, Holzwolle, Stroh sowie Holz- und Borkenstücke. Diese Materialien werden möglichst so hineingeschichtet, dass zwischen ihnen viele kleine Lücken und Spalten entstehen, die den Insekten dann als Quartiere dienen.

Möchtest du kein komplettes Insektenhotel aufstellen, aber zumindest den nützlichen Florfliegen etwas Gutes tun, kannst du im Herbst einige größere Blumentöpfe mit sauberem, trockenem Getreidestroh ausstopfen und sie anschließend wie Glocken in die Bäume hängen. Damit das Stroh nicht wieder hinausfällt oder sich Vögel daraus mit Nistmaterial bedienen und im Topf herumstochern, empfiehlt sich, ein enges Maschendrahtgeflecht fest über die Blumentöpfe zu binden.

Auch Brennholzstapel, die zum Trocknen aufgeschichtet wurden, werden von Nützlingen gern als Winterquartier erwählt. Die Insekten und Spinnen verstecken sich in den kleineren Spalten und Hohlräumen, die in derartigen Stapeln meist sehr zahlreich vorhanden sind. Holst du das Brennholz ins Haus, werden die darin versteckten Tierchen durch die plötzliche Wärme quicklebendig. Trage sie dann einfach zurück ins Freie.

Nützlichen Krabblern kannst du damit viel Gutes tun!

Das Vogeljahr am Futterhaus

GARTENVÖGEL DER SAISON

Nicht zu jeder Zeit des Jahres wirst du dieselben Vogelarten am Futterhaus sehen. Einige sind ganzjährig gut zu beobachten, andere kommen nur auf eine Stippvisite vorbei. Wer futtert wann?

Frühjahr (März–Mai)

Die Brutsaison beginnt und damit auch die Paar- und Revierbildung. Kleinere Streitereien unter den Vögeln können da schon mal vorkommen, meist spielen sie sich aber nicht in unmittelbarer Nähe der Futterstelle ab. Gut beobachten kannst du nun einen Wechsel der Vogelarten. Die Überwinterer aus dem Norden wie Bergfinken, Saatkrähen und Wacholderdrosseln treten die Heimreise an, dafür finden sich Vögel aus südlichen Ländern ein. Unter ihnen sind zum Beispiel Girlitze.

Auch die Balz und der Nestbau sind in vollem Gange und du wirst sicher viele Vögel sehen, die Nistmaterial wie Federn, Tierhaare, Moos und kleine Zweige im Schnabel davontragen. Die Männchen füttern ihre Vogelweibchen und im Mai sind bereits die ersten Jungvögel in der Nähe der Futterhäuschen unterwegs, um auf Futtergaben von ihren Eltern zu warten. Besonders die Mehrfachbrüter wie Haussperlinge, Amseln und Grünfinken sind dort dann häufig anzutreffen.

Hier ist immer was los!

Sommer (Juni–August)

Am Futterhäuschen tummeln sich jetzt vor allem Jungvögel. Die meisten sind erst kürzlich flügge geworden, aber auch „Teenager" sind schon darunter. Du erkennst sie an ihrem Gefieder, das meist etwas schlichter ausfällt als das der Altvögel. Sowohl bei den Staren als auch beim Kernbeißer nimmt der Schnabel nun eine andere Farbe an. Der ehemals gelbe Starenschnabel wird schwarz, der beim Kernbeißer hornfarben. Vögel in der Mauser verändern ihr Federkleid. Der Star bekommt beispielsweise dunkle Federn mit einem weißen Federsaum und wird zum sogenannten Perlstar. Ab Juli ist die Fortpflanzungszeit der heimischen Vögel in der Regel zu Ende und nun kommen auch wieder vermehrt Altvögel an die Futterstelle, um wieder zu Kräften zu kommen. Ihre Mauser beginnt erst jetzt und häufig kannst du nun Vögel sehen, die kahle Stellen im Gefieder haben und etwas gerupft aussehen. Noch kannst du Jung- und Altvögel am Gefieder voneinander unterscheiden, doch schon im Herbst ist das kaum noch möglich und die Tiere gleichen sich im Aussehen an.

Herbst
(September–November)

Bei den Mehrfachbrütern sind im September die Jungtiere in der Jugendmauser. Die Elterntiere von Star, Kernbeißer und Kleiber haben dagegen bereits ihr frisches Federkleid. Rund um die Futterstelle werden nun auch Hierarchien erkennbar. Jungtiere, die früh im Jahr geschlüpft sind, verteidigen ihren Platz gegenüber den jüngeren Tieren. Gibt es in deinem Garten jedoch genügend Samenstände und Wildfrüchte, besteht kein Grund für Rangeleien, denn einige Arten genießen statt Samen lieber Hagebutten oder Holunderbeeren. Zu ihnen zählen Grünfinken, Rotkehlchen, Star und Amsel, deren Schnäbel dann unter Umständen entsprechende Verfärbungen aufweisen. Ab Oktober können sich ganze „Vogelhorden" an der Futterstelle einfinden. Die Reviere sind aufgegeben und Schwärme werden gebildet. Besonders eindrucksvoll sind die Ansammlungen von Staren, die kunstvolle „Schwarmbilder" an den Himmel zaubern. Auch die Grünfinken treten in großen Trupps auf und vertilgen reichlich Vogelfutter. Im Spätherbst kehren die Zugvögel wieder zurück und der Sperber zeigt sich häufig, um leichte Beute zu machen.

Winter (Dezember–Februar)

Im Dezember ist am Futterhaus viel los. Neben den einheimischen Vögeln kommen auch die Wintergäste zum Fressen. Damit es kein Gedränge gibt, kannst du mehrere Futterplätze anlegen und mit Meisenknödeln bestücken. Die Tiere sind jetzt besonders auf die Gaben angewiesen, denn spätestens wenn Schnee liegt, ist die Futtersuche kräftezehrend und nicht immer erfolgreich. Gegen die Kälte plustern die Vögel ihr Gefieder auf und sehen aus wie kleine Flauschbälle. Im Januar kannst du bereits die ersten Rotkehlchen singen hören: ein sicheres Zeichen, dass sie mit der Revierbildung beginnen. Bei den männlichen Amseln, die im Februar geschlechtsreif werden, färbt sich der Schnabel gelb und die ersten Heimkehrer zeigen sich am Futterhaus.

Menu à la carte für Gartenvögel

Ein nach wie vor viel diskutiertes Thema, bei dem oft kontroverse Meinungen vertreten werden, ist die Vogelfütterung. Während die einen nur eine winterliche Fütterung befürworten, sind die anderen der Auffassung, dass ganzjährige Fütterungshilfen am besten für die Vögel geeignet sind. Viele Naturschutzorganisationen lehnen die Ganzjahresfütterung schon allein deshalb ab, weil in Städten und Dörfern selten mehr als 10–15 Vogelarten davon profitieren. Allerdings sind diese Arten

Sonnenblumenkerne sind ein ganz typisches Vogelfutter.

Maiskörner

Das fressen wir besonders gern!

mit Ausnahme des Haussperlings in ihrem Bestand gar nicht gefährdet. Einen Beitrag zum Artenschutz leistet die ganzjährige Vogelfütterung somit nicht.

Als Hauptargument führen die Verfechter der ganzjährigen Fütterungshilfen dagegen an, dass es von zahlreichen Singvogelarten immer weniger Tiere gibt. Ihr Bestand schrumpft seit Jahrzehnten. Bleibt die Frage, ob sich durch eine solche Ganzjahresfütterung tatsächlich die negative Bestandsentwicklung stoppen lässt oder man sich durch die Futtergaben lediglich „bequeme" Vögel heranzieht. Wahrscheinlich wird zumindest ein Teil der Vögel durch die zusätzliche Fütterung weniger Schadinsekten fressen und sich nicht so intensiv auf die Jagd nach Beute begeben. Hinzu kommt, dass den meisten Gartenvögeln für eine einigermaßen artgerechte Fütterung im Sommerhalbjahr tierische Nahrung angeboten werden müsste. Die Vögel während des Sommers nur mit geschälten Sonnenblumenkernen oder Ähnlichem zu füttern, kommt vielen Arten

Bei Mehlwürmern handelt es sich um die Larven des Mehlkäfers.

Wir finden's lecker!

Leinsamen

Winterfütterung von Vögeln

Im Unterschied zu der noch recht jungen Ganzjahresfütterung wird die Winterfütterung in einigen Teilen Europas bereits seit mehr als 100 Jahren praktiziert. Zu diesem Zweck füllst du eine Futterstation, ein Futtersilo oder ein Futterhäuschen mit Sonnenblumenkernen, Erdnüssen, grob gehackten Haselnüssen, Maiskörnern sowie Getreide-, Hanf- und Leinsamen.

Um die Vögel allmählich an die Futterstellen zu gewöhnen, solltest du bereits im Herbst mit der Fütterung beginnen und dort regelmäßig ein wenig Nahrung platzieren. Zu diesem Zeitpunkt im Jahr geht es weniger darum, die Vögel satt zu kriegen, sondern vielmehr darum, sie anzulocken. So wissen die Vögel im Winter bereits, wo sie Nahrung finden und müssen nicht auf die sonst kräfteraubende Suche nach Futter gehen.

keineswegs entgegen, da sie sehr individuelle Nahrungsgewohnheiten und Verhaltensweisen an den Tag legen, die sich im Jahresverlauf ändern. Neben pflanzlichen Bestandteilen müssten hier sinnvollerweise auch tierische Gaben gereicht werden.

Mehlwürmer, die Larven des Mehlkäfers *(Tenebrio molitor)*, wären für viele Gartenvögel ein gut geeignetes Lebendfutter für den Sommer. Du bekommst diese Larven im Handel, allerdings wird eine regelmäßige Fütterung eine recht kostspielige Angelegenheit. Möchtest du es dennoch probieren, gehst du folgendermaßen vor: Montiere ein kleines Blechgefäß auf einen Pfahl, der unter einem Baum oder an einem sonstigen schattigen Ort steht. Gib die Mehlwürmer in das Gefäß. Wie viele du benötigst, hängt von der Anzahl der Vögel ab, die dieses Futter annehmen und sich bei dir im Garten einfinden.

Die Früchte der Berberitze werden von vielen Vögeln im Winter gern gefressen.

Welches Futter schmeckt den Gästen?

WER FRISST WAS AM LIEBSTEN?

	Beeren und Obst	Rosinen	Haferflocken in Öl	Sämereien	Sonnenblumenkerne	gehackte (Erd-)Nüsse	Mehlwürmer	Fettfutter	
Zaunkönig	✗	✗	✗				✗	✗	auf dem Boden serviert
Zilpzalp	✗	✗	✗				✗	✗	auf dem Boden serviert
Fitislaubsänger	✗	✗	✗				✗	✗	auf dem Boden serviert
Tannenmeise					✗	✗	✗	✗	
Haubenmeise				✗	✗	✗		✗	
Blaumeise				✗	✗	✗	✗	✗	
Sumpfmeise				✗	✗	✗		✗	
Erlenzeisig				✗		✗		✗	
Girlitz				✗					auf dem Boden serviert
Gartenbaumläufer								✗	am besten an die Baumrinde gestrichen
Mönchsgrasmücke	✗	✗					✗	✗	
Klappergrasmücke	✗						✗		
Gartengrasmücke	✗	✗					✗		auf dem Boden serviert
Schwanzmeise		✗	✗	✗			✗	✗	
Kohlmeise				✗	✗	✗	✗		
Kleiber	✗			✗	✗	✗	✗		
Trauerschnäpper	✗						✗		
Grauschnäpper	✗						✗		
Rotkehlchen	✗	✗	✗	✗		✗	✗	✗	am liebsten am Boden serviert

Manche Gäste speisen am Boden!

	Beeren und Obst	Rosinen	Haferflocken in Öl	Sämereien	Sonnenblumenkerne	gehackte (Erd-)Nüsse	Mehlwürmer	Fettfutter	
Hausrotschwanz	✗	✗					✗		auf dem Boden serviert
Gartenrotschwanz	✗	✗					✗		auf dem Boden serviert
Haussperling	✗		✗	✗	✗	✗	✗		
Feldsperling			✗	✗	✗	✗	✗	✗	
Heckenbraunelle	✗	✗		✗			✗		auf dem Boden serviert
Bluthänfling				✗		✗			auf dem Boden serviert
Stieglitz				✗		✗			
Buchfink	✗	✗	✗	✗		✗	✗		am liebsten am Boden serviert
Bergfink	✗			✗	✗	✗			am liebsten am Boden serviert
Grünfink	✗			✗	✗	✗			
Gimpel	✗			✗	✗	✗			
Kernbeißer				✗	✗	✗			
Goldammer			✗	✗					auf dem Boden serviert
Bachstelze	✗	✗	✗				✗	✗	auf dem Boden serviert
Star	✗	✗	✗	✗		✗	✗	✗	gern auf dem Boden serviert
Rotdrossel	✗	✗	✗						gern auf dem Boden serviert
Singdrossel	✗	✗	✗			✗	✗		gern auf dem Boden serviert
Amsel	✗	✗	✗		✗	✗	✗	✗	gern auf dem Boden serviert
Wacholderdrossel	✗	✗	✗			✗			gern auf dem Boden serviert
Buntspecht	✗		✗		✗	✗		✗	
Grünspecht	✗						✗	✗	gern niedrig über Boden serviert
Ringeltaube		✗	✗	✗					gern auf dem Boden serviert
Eichelhäher	✗		✗		✗	✗	✗	✗	
Elster	✗		✗		✗	✗	✗	✗	gern auf dem Boden serviert

Fröhliches All-you-can-eat-Büfett

BAUANLEITUNG FÜR EIN FUTTERHAUS

Eine Pension ist nur so gut wie ihre Küche. Und um deinen gefiederten Gästen zu jeder Mahlzeit das richtige Ambiente zu bieten, bedarf es eines angemessenen Speisesaals. Mit diesem Futterhäuschen tummeln sich Meise, Fink & Co. bestimmt bald zahlreich um das All-you-can-eat-Büfett.

Die Bretter mit Schraubzwingen an einer Arbeitsplatte fixieren und mit Maßband und Bleistift Markierungen anzeichnen. Auf folgende Größen zusägen und die Kanten mit Schleifpapier glätten:
1 Grundplatte von 30 × 30 cm
2 Dachteile von 30 × 25 cm
2 Brüstungsstücke von 30 × 5 cm
2 Brüstungsstücke von ca. 26 cm (also 30 cm minus zweifache Stärke der Bretter)

Nun das Vierkantholz in die Schraubzwingen einspannen und zuerst den Dachbalken zusägen: 30 × 4 × 4 cm.
Dann zwei 50 cm lange Stücke für die vier Stützbalken zusägen. Eines der Stücke erneut fixieren und bei 25 cm eine Markierung setzen. An der Stichsäge einen Gehrungswinkel von 45 Grad einstellen und das Vierkantholz an der eingezeichneten Markierung zerteilen. Danach mit dem zweiten Holzstück genauso verfahren.
An allen Holzteilen die Sägekanten mit Schleifpapier glätten.

Wir eröffnen ein Vogel-restaurant!

MATERIALLISTE

Als Baumaterial benötigst du außer dem üblichen Werkzeug:

- 1 Leimholzbrett, Fichte unbehandelt, 120 × 30 × 1,8 cm
- 1 Leimholzbrett, Fichte unbehandelt, 200 × 5 × 1,8 cm
- 1 Vierkantholz, Fichte, 200 × 4 × 4 cm
- Schraubzwingen, Maßband, Bleistift, Stichsäge und Schleifpapier
- Express-Holzleim
- eine Handvoll Stahlnägel, 4 cm lang
- weiße Acrylfarbe und in gewünschten Farben, Malerkrepp (2 cm breit) und Masking-Tape (5 mm breit), Pinsel
- 1 Metallkette in gewünschter Länge (ca. 1 Meter lang)
- 2 Schraubhaken

Die Brüstungsstücke mit Express-Holzleim auf die Grundplatte kleben und mit Schraubzwingen fixiert für 30 Minuten trocknen lassen.

Dann ringsum von der Unterseite der Grundplatte Nägel einschlagen.

Anschließend auch noch die Brüstungsteile mit je zwei Nägeln aneinander befestigen.

Das Ganze vorsichtig drehen, sodass die Unterseite der Bodenplatte nach oben zeigt und zwei Nägel im eingekerbten Quadrat einschlagen. Um die Pfeilerspitze zu schonen, den Stützpfeiler – wie abgebildet – dabei mit einem anderen abstützen.

Nun folgen die Stützpfeiler. Damit sie sicheren Halt haben und exakt in den vier Ecken im Innenraum der Brüstung sitzen, wie folgt vorgehen: Auf der Unterseite des Bodens die Position des ersten Pfeilers mit einem Nagel ins Holz einkerben. Dann den Pfeiler in der Ecke des Innenraums mit Klebstoff anbringen. Dabei darauf achten, dass am oberen Ende die Schräge von unten links nach oben rechts verläuft, da dort später das Dach aufliegt. Leim kurz anziehen lassen.

Die beiden Schritte wiederholen und so alle vier Stützpfeiler anbringen.

9

Als Nächstes folgt das Dach. Dafür eines der beiden Dachteile am Dachbalken anbringen – am besten wieder mit Klebstoff vorfixieren und anschließend alles mit Nägeln sichern.

10

Das zweite Dachteil im rechten Winkel zum anderen entlang des Dachbalkens befestigen. Die unteren Kanten der Dachteile berühren sich.

11

Dann das Dach auf die Stützpfeiler setzen, an die gewünschte Position schieben und durch das Dach hindurch in jeden der Pfeiler einen Nagel einschlagen.

Dach und alle anderen Flächen nach Wunsch farbig anstreichen. Farbe erneut trocknen lassen und Klebebänder abziehen.

12

Fehlt nur noch der Anstrich: Alle Flächen weiß grundieren und gut trocknen lassen. Dann sämtliche Flächen, die weiß bleiben sollen, mit Malerkrepp oder auch schmalem Masking-Tape (zum Beispiel an den Stützpfeilern) abkleben.

13

Zum Schluss noch vorn und hinten in den Dachbalken jeweils einen Schraubhaken eindrehen, die Kettenenden einhaken und den Speisesaal gut geschützt vor Katzen aufhängen. Mit Futter befüllt lässt der Besucherandrang sicher nicht lange auf sich warten!

FERTIG!

Die Aufgaben des Zimmerservice

HYGIENE IN BAR, RESTAURANT UND AM POOL

Oberstes Gebot eines Beherbergungsbetriebs ist die Sauberkeit. In ein schmuddeliges, verwahrlostes Hotel oder eine speckige Pension zieht kaum ein Urlauber gern ein. Und falls das doch mal vorkommt, sind die Gäste bei der nächsten sich bietenden Gelegenheit wieder weg. Sind Behausung, Verpflegung und das Wellness-Angebot dagegen ansprechend, bleibt man doch gern für eine Weile.

Saubere Pension - gesunde Gäste

Peinliche Sauberkeit trägt nicht nur zum Wohlbefinden deiner Gäste bei, sie ist auch ein Garant dafür, dass sie in deiner Pension gesund bleiben. Denn verdorbenes Futter und dreckiges Wasser kann schwere Erkrankungen nach sich ziehen und im allerschlimmsten Fall sogar zum Tod deiner fedrigen Besucher führen. Mit einem guten Zimmerservice, der die täglichen Reinigungsarbeiten vornimmt, bist du auf der sicheren Seite. Zum Säubern von Vogeltränken, Vogelbädern und Futterstationen solltest du zu deinem eigenen Schutz immer Handschuhe tragen. Krankheitserreger wie Salmonellen und Kolibakterien sind auf den Menschen übertragbar.

Alles bestens an der Bar

Hast du für deine Gäste Trinkschälchen aufgestellt, solltest du sie täglich kontrollieren. Ist noch genügend Wasser darin? Ist das Wasser frei von Verunreinigungen wie Kot, Federn, Blättern etc.? Besonders in den heißen Monaten verdunstet tagsüber viel Flüssigkeit aus den meist sehr flachen Schälchen. Fülle deshalb regelmäßig frisches Wasser nach. Einmal am Tag reinigst du den Trinknapf mit klarem Wasser und einer Bürste.

Restaurant und Pool bitte regelmäßig putzen!

Peinlich reinlich im Restaurant

Während sich einige Vogelarten am Büfett mit ein, zwei Körnchen begnügen und damit wegfliegen, stellen sich andere regelrecht breitbeinig mitten in die Sämereien und Körner und futtern sich dort voll. Verrichten sie dort auch noch ihr Geschäft, ist das für die anderen Gäste am Büfett wenig appetitlich und im schlimmsten Fall gesundheitsschädlich. Biete Futter deshalb lieber in Futtersilos an, aus denen sich deine Gäste nach Bedarf bedienen können. Die Nahrung bleibt darin appetitlich, trocken, hält länger und kann nicht verschmutzt werden. Natürlich müssen diese Futterspender ebenfalls regelmäßig gereinigt werden – allerdings nicht so oft wie die offenen Futterbereiche. Du solltest sie einmal wöchentlich mit klarem, heißem Wasser und einem Schwamm putzen. Körnerreste und Kot beseitigst du täglich. Fütterst du Amseln, Buchfinken und weitere Gäste am Boden, streue nur so viel Futter aus, wie sie an einem Tag auch verdrücken können. Wechsle die Orte regelmäßig, damit sich Krankheitserreger nicht an einer Stelle „anhäufen". Kontrolliere das Futter ebenso auf Schimmel und entsorge es, wenn du einen Befall feststellst.

Alles klar im Spa

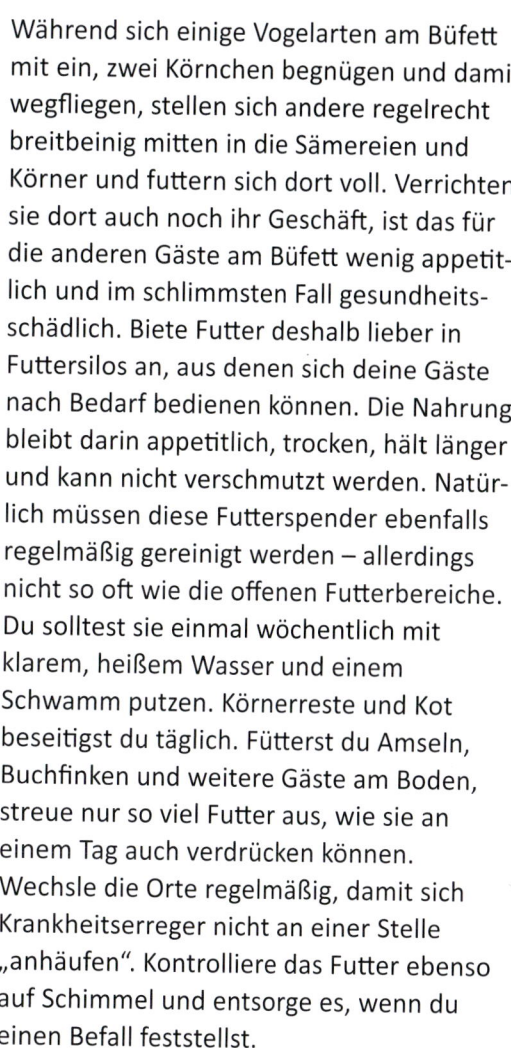

Für den Badebereich deiner Gäste gilt im Grunde genommen dasselbe wie für die Bar. Reinige den Pool bei jedem Wasserwechsel gründlich von Algen, Kot und anderen Verschmutzungen. Besondere Reinigungs- oder gar Desinfektionsmittel sind dafür nicht nötig und eher schädlich. Heißes Wasser und ein Schwamm beziehungsweise eine Bürste sind völlig ausreichend – mehr Utensilien benötigt der Zimmerservice nicht, damit der Badebereich einladend sauber bleibt.

Niemals Brot!

Brot gehört nicht als Meisennahrung ins Futterhaus.

Bildet der Schnee eine tiefe, geschlossene Decke oder überzieht eine dünne Eisschicht die Bäume und Sträucher ist eine reichliche Winterfütterung besonders wichtig. Unter diesen Bedingungen haben es viele Arten schwer, so viel Futter zu finden, dass ihr Überleben gesichert ist. Ist das Wetter im Winter dagegen mild, ist die Nahrungssuche meist kein Problem, denn viele Vögel finden dann immer noch etwas Kleingetier, das sich beispielsweise in den Borkenritzen und im Falllaub versteckt hält. Die Körner- und Früchtefresser ernähren sich zu dieser Zeit auch noch von den ausgereiften Samenständen verschiedener Pflanzen beziehungsweise von halb getrockneten Beeren und Früchten.

Im Handel gibt es zahlreiche bunte und besonders schön geschmückte Futterhäuschen, die Hexenhäuschen gleichen oder kleinen Palästen, die mit einigen angenagelten Fichtenzapfen und etwas Birkenrinde verschönert wurden oder in poppigen Farben leuchten.

Wenn du dir ein Futterhäuschen anschaffen möchtest, musst du auf gutes Aussehen allerdings keinen besonders großen Wert legen, denn derartige Verzierungen interessieren die Vögel kaum. Für sie ist es viel entscheidender, dass es in regelmäßigen Abständen Futter-Nachschub gibt und sich keine Katzen oder sonstigen Räuber unbemerkt an die Futterstelle anschleichen können.

Manche Futterhäuschen sind an ein oder zwei Seiten mit kleinen Brettchen versehen. Achte beim Aufstellen beziehungsweise Anbringen darauf, dass diese Seiten in die Hauptwindrichtung zeigen. So fliegt auch bei starkem Wind kaum Futter aus dem Häuschen und es wird durch Schlagregen nicht nass.

Meisenringe

Platz da, jetzt komm ich!

Zwei Meisen an einem Futterknödel

Meisenknödel, Meisenringe, Meisenglocken

Ein artgerechtes Winterfutter für Meisen sind Meisenknödel, -ringe und -glocken, die du nicht nur im Handel, sondern im Winter inzwischen auch in den meisten Drogerien bekommst. Befestige sie am Futterhäuschen oder hänge sie an Äste und Zweige. Dieses Futter besteht aus einer oder mehreren Samensorten, die entweder von einem Netz umgeben oder zusätzlich in ungesalzenem Fett eingebettet sind.

Eine Meisenglocke kannst du leicht selbst herstellen. Auch Kinder haben viel Spaß daran, das Futter zu mischen und in die Form zu bringen. Für eine Meisenglocke brauchst du einen leeren Blumentopf aus Steingut, der im Boden ein Wasserabzugsloch hat. Durch dieses steckst du einen u-förmig gebogenen Aluminiumdraht, dessen unteres Ende du rechtwinklig abgeknickt hast. Dieser Draht dient später als Aufhängung für die Glocke. Die Lochöffnung verschließt du mit flüssigem Bienenwachs. Für die Füllung schmilzt du Fett, beispielsweise aus dem Bauchspeck eines Schweines, oder du verwendest Kokosfett oder Butterschmalz. Lass das Fett etwas abkühlen. Es sollte dann noch so flüssig sein, dass du die Sämereien und Nüsse gut einrühren kannst. Fülle die Masse in die Glocke und warte bis sie fest ist. Erst dann hängst du die Glocke an einer geeigneten Stelle auf.

ACH SOOO!
KEIN BROT FÜR MEISEN

Meisen mit hartem Brot beziehungsweise Brötchen zu füttern, ist nicht sinnvoll. Einige Meisen spezialisieren sich so stark auf diese Nahrung, dass sie in der folgenden Brutperiode versuchen, ihre Jungen ebenfalls damit zu füttern. Für die Jungvögel ist dieses Futter allerdings ungeeignet, weil es zwar viele Kohlenhydrate, aber zu wenig Proteine enthält. Oft werden die Nestlinge dann nicht flügge, sondern sterben bereits vorher an Eiweiß- oder Vitaminmangel.

Vogelsnacks selber machen

Kreative Ideen für den hungrigen Schnabel!

VOGELFUTTER, MEISENRINGE & CO.

Vogelfutter kannst du überall kaufen: in jeder Zoohandlung, jeder Drogerie und in jedem Baumarkt oder Discounter – zumindest im Herbst und Winter. Die Auswahl ist gut und für jeden Schnabel ist etwas Passendes dabei. Trotzdem kann es sich lohnen, die Sache selbst in die Hand zu nehmen und statt Tütenfutter liebevoll kreierte „Homemade-Variationen" zu verfüttern.

Vogelfutter handgemacht

Wenn du Vogelfutter selbst zusammenstellst, ist das auf lange Sicht meist günstiger als fertige Mischungen zu kaufen. Außerdem kannst du das Futter gezielt für diejenigen Piepmätze zubereiten, die in deinen Garten kommen, und die Zubereitung macht Kindern und Erwachsenen gleichermaßen Spaß.

Wer frisst was?

Es ist bei unseren gefiederten Freunden ein wenig wie bei uns Menschen. Der eine isst lieber weiche Brötchen, der andere mag sie mit Körnern und der dritte isst beides. Auch bei den Vögeln gibt es Weichfresser, Körnerfresser und Gemischtköstler. Zu den Weichfressern zählen Singdrossel, Amsel und Rotkehlchen. Sie mögen Haferflocken, geschälte Sonnenblumenkerne, Obst und getrocknete Beeren. Finken und Sperlinge sind Körnerfresser. Sie stehen auf Hirsesamen, Getreidekörner, Sonnenblumenkerne mit oder ohne Schale sowie Obst und Beeren. Kleiber, Spechte, Blau- und Kohlmeisen kommen sowohl mit Körnern als auch mit Weichfutter gut zurecht. Geschrotete Erdnüsse nehmen sie fast alle gern. Willst du also möglichst viele verschiedene Vogelarten in deine Pension locken, solltest du einen Mix aus Körner- und Weichfutter anbieten.

So bietest du das Futter an

Die Lieblingsspeisen der Vögel verpackst du in Fett. Es „klebt" die Zutaten zusammen und das fettreiche Futter liefert viel Energie. Die Masse kannst du wahlweise in Pappringe, Kiefernzapfen, Kokosnusshälften, Ton-Blumentöpfe, Keksausstecher oder Astlöcher streichen. Oder du formst frei Hand Knödel daraus, die du in einem Spender anbietest oder mit einem Stück Schnur aufhängst. Neben der Aufhängung ist der Landeplatz wichtig, denn wer sich nicht richtig festhalten kann, wird auch kaum in Ruhe schmausen können. Gut geeignet sind Stöckchen und kleine Zweige, die zum Beispiel unten aus der Mitte der Kokosnussschale ragen und genügend Platz für einen Vogel bieten.

Rezept für Körnerfutter

▶ 300 g Rindertalg oder Kokosfett

▶ 2 EL Pflanzenöl

▶ 300 g Mix aus Sonnenblumenkernen, grob gehackten Erd- und Haselnüssen und Kürbiskernen

Erhitze das Fett langsam in einem Topf, gib die Körnermischung dazu und rühre alles gut durch. Anschließend lässt du die Masse abkühlen. Rühre dabei gelegentlich um, damit sich das Fett nicht am Boden absetzt. Das abgekühlte Fettfutter rollst du zu Kugeln oder streichst es in Formen.

Rezept für Weichfutter

▶ 200 ml Sonnenblumenöl

▶ Mix aus 500 g Haferflocken und Weizenkleie, Wildfrüchten oder ungeschwefeltes, kleingeschnittenes Trockenobst

Erhitze das Öl. Rühre Haferflocken und Weizenkleie unter, bis das ganze Öl aufgesogen ist. Die abgekühlte Mischung bietest du zusammen mit den Beeren und dem Trockenobst in Schälchen an. Du kannst aber auch Knödel daraus formen.

Schönes Futter ganz ohne Rezept

Es geht aber auch ganz ohne „Geschmaddel". Du kannst einen Sonnenblumenkopf oder Äpfel auslegen, Erdnüsse in Schale und Wildbeeren auf eine Schnur fädeln und an einen Ast hängen. Sei dabei ruhig kreativ!

Was tun, wenn die Piepmätze der Futterstelle fernbleiben?

UMGANG MIT ANSPRUCHSVOLLEN UND SCHEUEN GÄSTEN

Das Futterhäuschen steht und ist mit Leckereien aller Art gefüllt – dann können die Gäste ja kommen. Manchmal lässt sich dann aber erst mal kein Piepmatz blicken. Woran kann das liegen?

Das Restaurant ist neu

Macht ein neues Restaurant auf, musst du es erst entdecken, bevor du dort essen gehen kannst. Und so ist es auch bei deinen gefiederten Pensionsgästen. Haben sie die Futterstelle erst entdeckt, spricht es sich in der Vogel-Community schnell herum, dass bei dir lecker futtern ist. Und bald flattern die unterschiedlichsten Arten ums Büfett herum und picken sich ihre Lieblingsspeisen heraus. Jede Art verhält sich dabei etwas anders. Manche sondieren zuerst die Umgebung und trauen sich erst nach einer gewissen Eingewöhnungszeit in die menschliche Nähe, andere kommen gleich in Scharen und wieder andere spielen sich als King auf und vertreiben jeden, der sich den Leckereien nähert. Soweit, so normal. Manchmal kommt es aber auch vor, dass die Vögel dein Büfett wohlwollend zu Kenntnis genommen und häufig besucht haben und dann plötzlich wegbleiben. Dafür kann es dann mehrere Gründe geben.

Konkurrenz belebt das Geschäft

Hast du früh im Herbst mit der Fütterung begonnen, gab es in der Umgebung vielleicht nur wenig andere Futterplätze und man traf sich deshalb bei dir. Ziehen nun andere Gartenbesitzer mit dem ersten Frost gleich, und locken ebenfalls mit Samen und Beeren, testen deine „abtrünnigen" Gäste vielleicht gerade dort das Angebot.

Liebe geht durch den Schnabel!

Imbiss versus 3-Sterne-Restaurant

Viele Vögel sind Feinschmecker und wählerisch. Sie picken sich aus dem angebotenen Futter das heraus, was ihnen am besten schmeckt und ihnen am meisten Energie liefert. Den Rest lassen sie liegen. Gibt es in der Nähe Sämereien und Beeren, die ihnen mehr zusagen, machen sie die Flocke und speisen woanders.

Wegen Urlaub geschlossen

Hast du dir durch regelmäßige Fütterung eine treue Fangemeinde aufgebaut, die täglich bei dir speist, ist es wichtig, diese Fütterung nicht zu unterbrechen. Zwei Wochen Weihnachtsferien sind für dich sicher schön, zwei Wochen ohne die gewohnte Versorgung sind für deine Gäste manchmal jedoch eine Katastrophe. Ihnen bleibt dann nichts weiter übrig, als weiterzuziehen und sich anderweitig zu versorgen.

Voll gefährlich

Zieht eine neue Katze ins Viertel und belauert ohne Unterlass den Büfettbereich, werden sich die Gefiederten nach sichereren Futterplätzen umschauen – ganz egal wie hochwertig und angesagt dann dein Speisenangebot ist. Gleiches gilt, wenn der flinke Sperber sich dort schon mal einen deiner Besucher geschnappt hat. Dann kann es sein, dass der Platz für Tage verwaist. Gegen die Angst vor der Katze hilft manchmal ein anderer Platz für das Büfett. Du kannst auch versuchen, Nachbars Katze zu verscheuchen oder du gestaltest den Speiseplatz katzensicher. Findest du in der Nähe des Büfetts einen toten Vogel, solltest du die Fütterung umgehend einstellen, bis die Ursache geklärt ist. Vielleicht war das Futter verunreinigt, vielleicht geht eine ansteckende Krankheit um. Die anderen Vögel registrieren den toten Kameraden und bleiben oft eine Weile fort.

Checkliste: Die Pension am Laufen halten

Du hast deine Vogelpension eröffnet und sie wurde gut von den gefiederten Freunden angenommen? Wunderbar! Ab jetzt heißt es, die Pension am Laufen zu halten und dafür zu sorgen, dass sich deine Gäste auch im nächsten Jahr wohlfühlen, gesund und munter bleiben und deine Bleibe nach Möglichkeit weiterempfehlen. Ruhe dich nicht auf deinen Lorbeeren aus und schau, wo es noch Verbesserungsmöglichkeiten gibt. Mit der Zeit wird aus deiner Pension dann vielleicht sogar eine Luxusherberge. Über das Jahr verteilt fallen einige Arbeiten an, die zu erledigen sind, damit deine Gäste rundum zufrieden sind.

Frühlingssaison

▶ Die Zugvögel kehren zurück und beginnen mit dem Brüten. Biete ausreichend Futter an, damit sich die Eltern ums Brüten und die Aufzucht der Jungen kümmern können, ohne dass sie allzu viel Zeit mit der Nahrungssuche verschwenden müssen.

▶ Biete geeignetes Nistmaterial an. Moos, Federn, Kokos- und Jutefasern werden gern genommen. Du kannst sie in einem Spender oder in Astgabeln zur Verfügung stellen.

▶ Achte auf Sauberkeit am Pool und im Restaurant. Reinige Wasserstellen und Futterplätze nach Möglichkeit täglich.

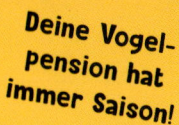

Deine Vogel-pension hat immer Saison!

Sommersaison

▶ Beschatte die Futterplätze nach Möglichkeit, wenn es sehr heiß ist.

▶ Reduziere bei Bedarf die Futtergaben, da die Piepmätze in der freien Natur nun genügend Nahrung finden. Stelle die Fütterung aber nicht komplett ein, um deine Gäste nicht zu enttäuschen. Ist bei dir nichts mehr zu holen, schauen sie sich sonst anderweitig um.

▶ Fülle die Tränken und Pools mehrmals am Tag mit frischem Wasser auf. Jetzt wollen alle gern baden und mit Wasser nur so um sich spritzen.

▶ Stelle eine Versorgung deiner Gäste auch für die Zeit deines Urlaubs sicher.

Herbstsaison

▶ Die ersten Reisenden machen sich auf den Weg. Es wird ruhiger in der Pension und die Zusammensetzung der Gäste ändert sich. Vielleicht kommen noch ein paar Durchreisende vorbei. Die Stammgäste bereiten sich auf den Winter vor und haben jetzt mächtig Hunger.

▶ Biete reichlich Fettfutter, Obst oder auch Beeren an.

▶ Lasse Stauden und Sträucher mit Samenständen stehen und schneide sie nicht zurück. Sie sind eine zusätzliche Futterquelle für deine Fieder-Freundchen.

▶ Halte Pool und Büfett sauber.

Wintersaison

▶ Baue oder besorge verschiedene Nistkästen. Nur so stellst du sicher, dass nicht nur Spatzen bei dir wohnen, sondern auch Meisen, Kleiber und Stare bei dir einziehen.

▶ Kontrolliere die Nistkästen. Reinige sie gründlich und repariere bei Bedarf schadhafte Stellen. Hänge sie spätestens im Februar in 2,5–4 Metern Höhe auf, damit deine Gäste mit Beginn der Brutperiode eine geeignete Behausung vorfinden.

▶ Füttere die Vögel mit fettreichem Weich- und Körnerfutter. Kontrolliere die Futterstellen täglich. Feuchtes und schimmeliges Futter kommt weg. Reinige die Futterstellen regelmäßig.

▶ Auch im Winter benötigen deine Feder-Freunde Wasser zum Trinken und zum Säubern des Gefieders. Stelle ihnen einen kleinen Pool zur Verfügung und achte darauf, dass er eisfrei bleibt.

Schräge Vögel, Nervensägen & Mustergäste

Die häufigsten Gartenvögel im Porträt!

Der Gast ist König

VÖGEL BEOBACHTEN UND VERSTEHEN

Läuft deine Vogelpension gut und schlüpfen regelmäßig Gäste bei dir unter und speisen, wirst du sicher reichlich Gelegenheit haben, Spatz und Meise, Fink und Star durch Beobachtungen besser kennenzulernen. Beachte dabei aber ein paar Dinge, damit du nichts verpasst.

Was es nicht alles gibt!

Vögel verhalten sich sehr unterschiedlich. Bei deinen Beobachtungen lernst du Frühaufsteher und Langschläfer zu unterscheiden und weißt nach einer Weile, wer vornehm nur einen Kern vom Büfett nimmt und wer sich lieber gleich hineinhockt und mit Bröckchen nur so um sich schmeißt. Wer darf zuerst in die wohltemperierte Badewanne steigen und wer muss sich hinten anstellen und warten bis der Ranghöhere endlich seine Abendtoilette beendet hat? Mit der Zeit wirst du durch genaues Hinschauen zum Vogelexperten und kennst „deine" Piepmätze und ihre Vorlieben aus dem Effeff. Das ist auch gut so, denn dann kannst du ihnen bald alle Wünsche von den Knopfaugen ablesen und ihnen den Aufenthalt bei dir so angenehm wie möglich machen.

Beobachte:

▶ Welche Vögel besuchen deine Pension?

▶ Wann kommen die Besucher und wie viele einer Art?

▶ Wann singen sie?

▶ Benutzen sie bestimmte Warnlaute?

▶ Mit welchen Lauten machen die Jungen auf sich aufmerksam?

▶ Gibt es eine erkennbare Rangfolge?

▶ Wer verträgt sich mit wem? Wie verteidigen sie ihr Revier?

Wir schauen immer wieder gern bei euch vorbei!

Auf dem Posten sein

Ideal ist es, wenn du die Futter- und Badestellen im Garten oder auf dem Balkon von drinnen gut beobachten kannst. Die Vögel sind ungestört und du kannst ihnen in aller Ruhe auf die Flügel schauen. Was treiben sie da? Und vor allen Dingen: Wer ist da? Welche Vogelarten nutzen Sitzwarten und erhöhte Plätze wie Rankgitter zum Singen und Sichern? Wer ist um welche Uhrzeit am aktivsten? Wenn du möchtest, kannst du auch ein Buch über deine Gäste führen. Notiere in einem Schreibheft die Eigenheiten und Marotten deiner gefiederten Freunde. Bei ihrem nächsten Besuch weißt du dann sofort, welches Zimmer sie bevorzugen und wann und wo sie zu speisen wünschen. Ebenfalls praktisch ist ein Fernglas in Reichweite – zumindest, wenn du einen großen Garten hast. Auf einem kleinen Balkon erkennst und identifizierst du die Besucher aber sicher auch ohne Feldstecher.

Wunscherfüller sein

Anhand deiner Beobachtungen kannst du deine Vogelpension ausbauen und optimieren. Steigen die Gästezahlen, lohnt es sich vielleicht, ein zweites Büfett aufzubauen. Dadurch gibt es nicht so viel Gedränge an der Futterstelle. Möglich ist auch, an einem Tisch nur Weichfutter, am anderen dagegen nur Körnerfutter anzubieten. Gleiches gilt für die Wasserstellen. Einige Vögel baden lieber bodennah, andere lieben den guten Überblick aus der Höhe. Amseln kannst du mit einem kleinen Laubhaufen glücklich machen, in dem sie nach Insekten suchen können, den Zaunkönig mit bodennahem Dickicht, das ihm als Unterschlupf dient.

Gut vorbereitet sein

Kennst du dich zum Anfang deiner Karriere als Pensionswirt noch nicht so gut mit deinen Gästen aus, helfen dir die Artenporträts in diesem Buch garantiert weiter. Dort findest du die gängigsten heimischen Gartenvögel in kurzen Steckbriefen vorgestellt und lernst ein paar ihrer Vorlieben und Verhaltensweisen kennen. Erkennst du einige deiner Gäste darin wieder?

Bewertungsportal

DIE GEFIEDERTEN GÄSTE GEBEN EIN PIEPBACK

Warum immerzu den Schnabel halten? Wer in den Urlaub fährt, bewertet im Nachhinein vielleicht das Essen und die Unterbringung, den Service und die Freundlichkeit des Personals. Was wäre, wenn die Vögel in deinem Garten das ebenfalls täten? Mal sehen, was sie so zu piepen haben!

Immer wieder der Hammer bei euch!

Amsel-Männchen, Stammgast

„Ja, es war schon genügend Futter da. Aber wisst ihr eigentlich, wie mühsam es für mich ist, mich in das viel zu kleine Vogelfutterhaus zu quetschen, wenn das am Boden ausgestreute Futter schon von den Mäusen gefressen wurde? Gegen etwas mehr Apfelschnitze hätte ich auch nichts einzuwenden."

Haussperlinge, Reisegruppe

„Mann, war das wieder eine tolle Sause. Wir kommen immer gern zum Brunch, die Auswahl ist so groß und wir lieben die Konifere zum Verstecken."

Familie Zaunkönig

„Danke für die sehr gemütliche Behausung. Wir hatten in den schon recht kühlen Nächten genügend Platz, um uns alle im Nistkasten aneinanderzukuscheln."

Bei euch piept es ja wohl?

Frau Rotkehlchen, Alleinreisende

„Ich bin ja eher der zarte Typ. Wenn dann diese Halbstarken am Büfett so Radau machen, warte ich lieber ab, bis es etwas ruhiger geworden ist. Könnten die nicht in Zukunft woanders fressen? So blieb mir oft nur das übrig, was die anderen auch nicht wollten. Pffft! Weizenkörner aus der Fertigmischung! Die sind mir viel zu hart. Versucht ihr doch mal, das mit meinem Schnabel zu fressen. Erst mit „All you can eat" werben und dann kaum etwas anbieten, was unsereins essen möchte. Dafür gibt es leider nur einen von vier möglichen Bewertungsflügeln!"

Gartenrotschwanz, Spätankömmling

„Ich bin ja immer etwas spät dran mit der Rückreise aus dem Winterquartier. Umso mehr habe ich mich gefreut, dass ihr noch einen überdachten Holzstapel zum Nisten für mich bereitgehalten habt. Das war sehr zuvorkommend."

Blaumeisen, Großfamilie

„Wer so viele Schnäbel zu füttern hat, ist ja froh um jede Blattlaus und jeden Käfer. Die findet man ja heutzutage auch nicht mehr in jedem Hotel. Bei euch ist es dagegen so herrlich unordentlich im Garten, dass es allerorten nur so kreucht und fleucht. Wir werden deshalb auch gern über den Winter bleiben und freuen uns schon auf die leckeren Meisenknödel!"

Eine Gruppe Stare, Sommergäste

„Super, dass wir freien Zugang zum Kirschbaum hatten. Das ist ja eher die Ausnahme. Jedenfalls haben wir die Gelegenheit genutzt und uns so richtig vollgestopft. Falls dieses großzügige Angebot gar nicht uns galt: nichts für ungut! Wir sind dann jetzt auch erst mal eine ganze Weile wieder weg."

Kohlmeise, Wellness-Urlauber

„Ich liebe das Bad! Und die Tränke auch. Ich kann es nämlich nicht leiden, wenn ich aus dem Pool trinken muss. So trinke ich aus dem einen Becken und in dem anderen plansche ich. Das ist doch mal volle vier Bewertungsflügel wert!"

Willkommen an der Rezeption!

WER CHECKT DENN HIER EIN?

Wer zählt denn nun eigentlich zu den typischen Gartenvögeln? Das ist gar nicht immer so leicht zu beantworten, denn natürlich hängt das von der Größe und Art des jeweiligen Gartens ab, vor allem aber auch von dessen Umgebung. So schaut bei dir schnell mal ein Specht oder ein Eichelhäher vorbei, wenn dein Garten direkt an einen Wald angrenzt. In den nun folgenden Artenporträts werden dir deine Pensionsgäste ausführlich vorgestellt. Zur schnellen Orientierung hier eine Übersicht der Familien und Arten – angeordnet nach der ungefähren Größe.

Willkommen, lieber Gast! Womit können wir dienen?

Klein wie etwa Blaumeisen

Zaunkönige
Zaunkönig 86

Laubsängerartige
Zilpzalp 88
Fitislaubsänger 89

Meisen (klein)
Tannenmeise 90
Haubenmeise 91
Blaumeise 92
Sumpfmeise 98

Finken (klein)
Erlenzeisig 99
Girlitz 100

Baumläufer
Gartenbaumläufer 101

Mittelgroß wie etwa Sperlinge

Groß oder größer wie Stare

Troglodytes troglodytes

Zaunkönig

Körner und Samen sind nicht so sehr meine Sache, Insekten umso mehr!

Der Zaunkönig zählt zu den kleinsten, aber auch häufigsten Vögeln Europas. Mit seinem rostbraun gebänderten Gefieder ist er nicht gerade die auffälligste Erscheinung, dafür ist er dadurch aber im Unterholz gut getarnt. Charakteristisch und besonders niedlich ist das meist schräg nach oben stehende Schwänzchen.

Ein guter Flieger ist er mit seinen kurzen Flügeln ja nicht gerade und bewegt sich so vor allem lustig hüpfend im Gebüsch voran. Das Männchen ist ein echter Charmeur, der im Frühjahr ganz bauwütig mehrere kugelige

FAMILIE: Zaunkönige

AUFENTHALT: Dauergast

WOHNORT: fast ganz Europa, gemäßigte Breiten Asiens, Nordafrika

LIEBLINGSORTE: unterholzreiche Wälder, Parks und Gärten, möglichst mit Wasser in unmittelbarer Nähe

GRÖSSE: ca. 9,5 cm lang

LEIBGERICHTE: Spinnen, Insekten und deren Eier und Larven; an Futterstellen: Obst, Rosinen, Haferflocken, Mehlwürmer und Fettfutter, auf dem Boden serviert

FAMILIENPLANUNG: 1 Brut pro Jahr, 5–8 Eier pro Gelege; Freibrüter

Männchen und Weibchen des Zaunkönigs sind gleich gefärbt.

Aller Anfang ist schwer – kunstvoll flicht der Zaunkönig seinen Palast für viele kleine Zaunprinzen und -prinzessinnen.

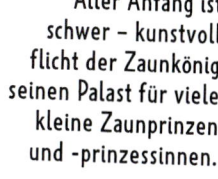

SCHÜTZEN

Möchtest du einen Zaunkönig als Gast bei dir begrüßen? Dann richte doch in einer Gartenecke einen Reisighaufen ein, den du mit Brombeergestrüpp überwuchern lässt. Dieser Einladung können die Zaunkönig-Männchen kaum widerstehen. Auch Halbhöhlen-Nistkästen werden gern angenommen.

Nester mit seitlichem Einschlupf baut und sie den Weibchen lautstark anpreist. Die Interessentin darf sich dann ein besonders Schönes aussuchen und es für sich und den künftigen Nachwuchs mit Federn, Moos, Haaren und Wolle gemütlich einrichten. Während sie nun im Haushalt das Kommando übernimmt, macht sich das Männchen gleich auf die Suche nach der nächsten Angebeteten ...

Bei den ersten Ausflügen der Jungen ist er dann aber wieder zur Stelle. Wenn es um Haus und Heim geht, ist das Männchen sogar besonders eifersüchtig: Nebenbuhler kommen ihm nicht ins Revier! Nur im Winter, wenn es bitterkalt ist, finden sich die kleinen „Kampfhähne" schon mal öfter in gemeinschaftlichen „Bettenlagern" zusammen. Im Nest oder Nistkasten können sie sich dann in der Nacht gegenseitig wärmen.

ACH SOOO!
Naturnähe ausdrücklich erwünscht

Nicht nur in Wäldern, sondern auch in Gärten mit vielen Bäumen und Sträuchern sind Zaunkönige zahlreich. Dort durchstöbern sie gern in Bodennähe in Hecken, Reisig, Falllaub und herausgewachsenen Wurzeln nach Insekten und ihren Larven und Eiern. Ein Beweis mehr, dass verwilderte Eckchen in naturnahen Gärten bei deinen gefiederten Gästen gut ankommen.

Man nennt mich auch Weidenlaub-sänger!

Phylloscopus collybita

Zilpzalp

Der eher schlicht gefärbte kleine Vogel, der gern rastlos im Gebüsch und im Blattwerk von Bäumen umherhuscht, fällt eher mit seiner Stimme als durch sein Gefieder auf. Seinem Gesang verdankt er auch seinen Namen: Das unermüdliche „zilp-zalp" verrät dir sofort, wen du vor dir hast.

Im späten Herbst fliegen die heimischen Zilpzalpe ans Mittelmeer, nach Arabien oder Nordindien in Winterurlaub. Im März kommen sie zurück und bauen versteckt in Bodennähe ihre kugeligen Nester. Ist in deinem Garten eine „wilde Ecke" mit höherem Altgras und vorjährigen Stauden bezugsfrei, hast du mit etwas Glück einen gern gesehenen Gast, der eure Pflanzen von Blattläusen befreit und auch das ein oder andere Insekt vertilgt.

FAMILIE: Laubsängerartige

AUFENTHALT: März bis November

WOHNORT: nahezu ganz Europa bis nach Sibirien und Vorderasien, Teile Nordafrikas

LIEBLINGSORTE: Wälder, Feldgehölze, Parks, Streuobstwiesen, größere Gärten

GRÖSSE: ca. 11 cm lang

LEIBGERICHTE: Insekten und deren Larven, Spinnen, seltener Asseln und Schnecken; an Futterstellen bei Ganzjahresfütterung: Obst, Rosinen, Haferflocken, Mehlwürmer und Fettfutter, auf dem Boden serviert

FAMILIENPLANUNG: 1 Brut pro Jahr, 6–7 Eier pro Gelege; Freibrüter

BEOBACHTEN

Von seinem „Doppelgänger", dem Fitislaubsänger, ist der Zilpzalp äußerlich kaum zu unterscheiden. Hör am besten genau hin: Mit seinem deutlichen „zilpzalp" macht er seinem Namen alle Ehre. Im Gegensatz dazu ruft der Fitis „hüitt" bzw. „füid".

Phylloscopus trochilus

Fitislaubsänger

Der Fitis ist insgesamt heller und gelblicher gefärbt und hat hellere Beine als der Zilpzalp.

Ich werde oft mit dem Zilpzalp verwechselt.

FAMILIE: Laubsängerartige

AUFENTHALT: April bis September

WOHNORT: fast ganz Europa bis Nordostsibirien

LIEBLINGSORTE: unterholzreiche Wälder, dichte Hecken, Parks, Gärten, Gewässerufer

GRÖSSE: ca. 11 cm lang

LEIBGERICHTE: kleine Spinnen, Insekten und deren Larven, Beeren, junge Knospen; an Futterstellen bei Ganzjahresfütterung: Obst, Rosinen, Haferflocken, Mehlwürmer und Fettfutter, auf dem Boden serviert

FAMILIENPLANUNG: 1 Brut pro Jahr, 6–7 Eier pro Gelege; Freibrüter

SCHÜTZEN

Der Fitis ist ein Bodenbrüter, der seine kugeligen Nester aus Moos und Gras – versteckt zwischen hohen Gräsern und dichten Grasbüscheln – am liebsten auf dem Boden baut. Mit einem „wilden Eckchen" aus dichtem Unterholz, umsäumt von hohen Gräsern und Stauden, bietest du ihm dafür die perfekte Möglichkeit.

Der Fitis – wie der Fitislaubsänger auch kurz genannt wird – ist ein echtes Leichtgewicht: Höchstens 11 Gramm bringt der schlicht gefärbte Vogel auf die Waage. Dafür ist er aber ein richtiges Energiebündel: Ab Herbst zieht es ihn in wärmere Gefilde und er fliegt Tausende Kilometer bis in die südlich der Sahara gelegenen Gebiete Afrikas, um sich dort die Sonne auf die Federn scheinen zu lassen. Auf seiner Reise ist er aufgrund der Hitze vorwiegend nachts unterwegs und ruht sich tagsüber an einem schattigen Plätzchen aus.

Im April zieht es ihn wieder nach Hause. Dann kannst du ihn nicht nur im Wald oder im Park, sondern auch im Garten entdecken. Hier fühlt er sich inmitten von dichten Büschen und Sträuchern am wohlsten, wo er viele Insekten als Nahrung findet. Da er auch Schädlinge von den Pflanzen frisst, kann man ihm die paar Beeren und Früchte, die er außerdem stibitzt, getrost gönnen.

Periparus ater

Tannenmeise

Oft hört man die Tannenmeise, bevor man sie zu Gesicht bekommt, da sie sich meist hoch oben in den Tannenkronen versteckt. Die kleinen Meisen brüten bis zu zweimal jährlich in Höhlen aller Art. Dabei sind sie ziemlich genügsam und geben sich, wenn nichts anderes zu finden ist, sogar mit verlassenen Mäusebauen zufrieden. Auch künstliche Nisthilfen nehmen sie liebend gern an (siehe Projekt-Seiten zum Meisenkasten).

Im Winter bleiben die hier heimischen Meisen am liebsten zu Hause, wo sie zudem noch regen Besuch von ihren ost- und nordosteuropäischen Artgenossen erhalten. Während der Nachwuchs vor allem mit tierischer Nahrung bei Kraft und Laune gehalten wird, machen sich die Großen auch gern über Samen, vor allem von Nadelbäumen, her. Und im Winter trifft man sich auch öfter mal mit anderen Vögeln am Meisenknödel oder Futterhaus.

FAMILIE: Meisen

AUFENTHALT: Dauergast

WOHNORT: große Teile der gemäßigten Breiten Eurasiens bis China, Japan und Nordwestafrika

LIEBLINGSORTE: Nadel- und Mischwälder, Gärten, Parkanlagen, Streuobstwiesen

GRÖSSE: ca. 11 cm lang

LEIBGERICHTE: Insekten, Spinnen, Sämereien (bevorzugt von Fichten); am Futterhäuschen: Erdnüsse, Sonnenblumenkerne, Fettfutter, Mehlwürmer

FAMILIENPLANUNG: 1–2 Bruten pro Jahr, 8–10 Eier pro Gelege; Höhlenbrüter

SCHÜTZEN

Im Winter sind die kleinen Kerlchen kaum satt zu kriegen. Wenn die Nadelbäume eine Schneemütze tragen, kommen sie aber kaum an die Samen. Wenn du ihnen in der Futterstation immer etwas auftischst, machst du ihnen eine Riesenfreude.

Wenn ich aufgeregt bin, stehen mir manchmal die Haare zu Berge.

Lophophanes cristatus

Haubenmeise

Mit ihrer irokesenähnlichen Federhaube, die sowohl die Männchen als auch Weibchen besitzen, ist die Haubenmeise eigentlich überhaupt nicht zu verwechseln. In den Sommermonaten besteht ihre Nahrung nur zu einem geringen Teil aus vegetarischer Kost. Anschließend beginnen die Haubenmeisen aber, immer mehr Sämereien zu fressen – insbesondere von Nadelbäumen. Ab dem Spätsommer legen die standorttreuen Meisen dann sogar Wintervorräte, indem sie Samen von Nadelbäumen in Borkenritzen verstecken.

Deinen Garten besucht sie zumeist nur in den Wintermonaten, um sich am Futterhäuschen zu bedienen. Frech bereichert sie sich am Frühstücksbüfett und entwendet anschließend auch noch zahlreiche Samen als Vorrat in der Borke von Bäumen!

BEOBACHTEN

Zumeist bekommt man Haubenmeisen nur als seltene Gäste am winterlichen Futterhäuschen zu Gesicht. Gewöhnlich suchen sie es auf, wenn ihre Vorratslager in den Borkenritzen mit Eis überfroren sind. Sie akzeptieren dann aber problemlos das für andere Restaurantgäste übliche Körnerfutter.

FAMILIE: Meisen

AUFENTHALT: Dauergast

WOHNORT: fast ganz Europa bis zum Ural

LIEBLINGSORTE: dichte Nadelwälder, nur selten in Mischwäldern; Parks und Gärten mit Nadelbäumen

GRÖSSE: ca. 11,5 cm lang

LEIBGERICHTE: Insekten und deren Larven, Spinnen, Sämereien (bevorzugt von Nadelbäumen); am Futterhäuschen: Sämereien, Sonnenblumenkerne, gehackte Nüsse, Fettfutter

FAMILIENPLANUNG: 1–2 Bruten pro Jahr, 4–8 Eier pro Gelege; Höhlenbrüter

Ich trage stets meinen Iroschnitt aus Federn!

Cyanistes caeruleus

Blaumeise

Ich lass mir die Butter nicht vom Brot nehmen!

Klein, aber oho! Die nur etwa 11,5 Zentimeter lange Blaumeise mit ihrem blauen Käppchen über dem weißen Gesicht und den ebenfalls blau gefärbten Flügel- und Schwanzfedern lässt sich häufig im Garten blicken. Was ihr an Größe und Gewicht fehlt, macht sie mit einer ordentlichen Portion Kühnheit wieder wett. Herrscht zum Beispiel im Winter Gedränge am Büfett, plustert sie sich gern mal auf und vertreibt andere Gäste wie Spatzen und Kohlmeisen von ihren Lieblingsspeisen. Bei hängendem Futter in Form von Meisenknödeln und -ringen kann sie gemütlich speisen – da die meisten anderen Gäste nicht so geschickt im Klettern sind, hält sich die Konkurrenz in Grenzen.

Auch beim Thema Nachwuchs kennt die Blaumeise kein Pardon, und kriegt sich schon mal mit anderen Pensionsgästen „ins Gefieder".

FAMILIE: Meisen

AUFENTHALT: Dauergast

WOHNORT: fast ganz Europa bis zum Kaukasus, Kleinasien und Nordafrika

LIEBLINGSORTE: Wälder, Feldgehölze, Parks, Streuobstwiesen, Gärten

GRÖSSE: ca. 11,5 cm lang

LEIBGERICHTE: Insekten und deren Larven, Spinnen, Sämereien; am Futterhäuschen: Sämereien, Erdnüsse, Sonnenblumenkerne, Fettfutter, Mehlwürmer

FAMILIENPLANUNG: 2 Bruten pro Jahr, 9–15 Eier pro Gelege (wenn's gut läuft auch mal 17); Höhlenbrüter

Blaumeisen brüten am liebsten in Baumhöhlen. Als künstliche Nisthilfe ist ein Meisenkasten aber auch sehr willkommen.

Bei der Futtersuche beweist sich die sehr geschickte Blaumeise als ein meisterhafter Flugakrobat.

SCHÜTZEN

Blaumeisen sind Höhlenbrüter. Sie ziehen ihre Jungen häufig in Baumhöhlen auf. Sie nehmen aber auch sehr gern Nistkästen als Brutstätten an. Auf den folgenden Projekt-Seiten zeigen wir dir, wie du einen einfachen Meisenkasten bauen kannst, in dem sich Familie Meise pudelwohl fühlen wird.

Hat ein Pärchen im Frühjahr einen passenden Nistplatz auf der „Beobachtungsliste", wird er erst einmal über Tage hinweg ausgiebig in Augenschein genommen. Haben sich in der Zwischenzeit dort ungebetene Gäste breit gemacht, kriegen diese mit dem Winzling gehörig Ärger und checken meist flugs wieder aus. Sogar die drei Zentimeter größeren Kohlmeisen ziehen dabei oft den Kürzeren!

Ganz so ungesellig, wie es den Anschein hat, sind die trillernden Meistersänger dann aber doch nicht. Denn für winterliche Ausflüge finden sie sich gern zu kleinen Grüppchen zusammen, in denen auch andere Meisenarten und teilweise auch Kleiber und Goldhähnchen willkommen sind. Weit fliegen sie dabei jedoch meist nicht, denn vor allem bei Schnee und Frost ist es am Futterplatz noch immer am gemütlichsten!

ACH SOOO!
Nestbau mit klarer Rollenverteilung

Wenn's um die Suche nach einem Nistplatz geht, ist bei Blaumeisenpärchen Teamwork angesagt. Der Nestbau und das Einrichten des Vogelhauses bleibt dagegen „Frauensache". Ihre Nester bauen sie am liebsten in Baumhöhlen, gern aber auch in Nistkästen.

Ein Appartement für die Meise

BAUANLEITUNG FÜR EINEN MEISENKASTEN

Kannst du dich nicht so recht mit Holzbetonkästen anfreunden und möchtest stattdessen selbst einen klassischen Holznistkasten bauen? Dann probiere die folgende Grundbauanleitung für einen einfachen Meisenkasten aus.

Das perfekte Holz

Besonders gut eignet sich Douglasie, das im Vergleich zu anderen Hölzern eine weitaus bessere Witterungsbeständigkeit hat. Verwende abgehobelte Bretter mit einer Brettstärke von 20 mm.

Oll und trotzdem doll: Auch dieser betagte Nistkasten verrichtet durchaus noch seinen Dienst.

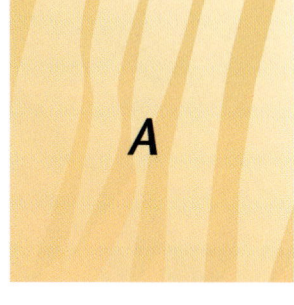

Los geht's!

Für den Nistkasten benötigst du fünf verschiedene Teile. Die Seitenwand (E) schneidest du zweimal zu.

▶ Hast du alle Teile ausgesägt, kümmerst du dich um die Löcher. 4–5 kommen als Wasserabzug in die Bodenplatte. In die Vorderfront bohrst du mittig, etwa 4 cm unter der Oberkante, das Einflugloch (26–28 mm für Kleinmeisen oder 32–34 mm für Kohlmeisen und andere Höhlenbrüter). Schraube anschließend die Seitenteile und die Rückwand an die Bodenplatte. Für mehr Stabilität werden die Seitenwände noch zusätzlich mit der Rückwand verschraubt.

▶ Verbinde mit dem Scharnier die Bodenplatte mit der Vorderfront, sodass sich diese später problemlos zu Reinigungszwecken öffnen lässt. Damit die Vorderfront künftig nicht nach vorn herausklappt, bringst du zusätzlich zwei Haken an. Die dazu gehörenden Ösen schraubst du dazu passend an die Seitenwände.

MATERIALLISTE

Für den Meisenkasten benötigst du Bretter mit folgenden Maßen:

- Bodenplatte 120 × 140 mm
- Vorderfront 120 × 250 mm
- Rückwand 120 × 270 mm
- 2 Seitenwände 270 × 180 mm (steigen nach hinten leicht an)
- Dach 180 × 220 mm
- Haken, Scharnier, Nägel oder Holzschrauben, Holzleim

So gehst du vor

1 Die benötigten Einzelteile mithilfe eines Winkels anzeichnen.

2 Alle Teile mit einer elektrischen Stichsäge exakt aussägen.

3 Die Sägekanten mit Schleifpapier und einem Schleifklotz glätten.

4 Der Nistkastenboden (B) erhält 4–5 Bohrungen, damit Feuchtigkeit abziehen kann.

5 Mit einer Lochsäge das Flugloch in die Vorderfront schneiden.

6 Die Innenseite der Vorderwand mit einer Raspel anrauen.

7 Obere Vorderkante der Vorderfront abrunden, damit man sie später hochklappen kann.

8 Wasserfester Leim gibt den zu verbindenden Teilen zusätzlichen Halt.

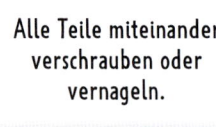

9 Alle Teile miteinander verschrauben oder vernageln.

10 Die bewegliche Vorderfront mit Scharnieren und Haken fixieren.

▶ Auf einen Innenraum-Anstrich mit synthetisch hergestellten Lacken oder Beizen kannst du besser verzichten, da der Farbgeruch viele Vogelarten davon abhält, deinen Nistkasten auch tatsächlich zum Brüten zu beziehen.

▶ Tipp zum richtigen Anbringen im Garten: Das Einflugloch nicht zur Wetterseite nach Westen ausrichten. Ideal sind Osten oder Süden.

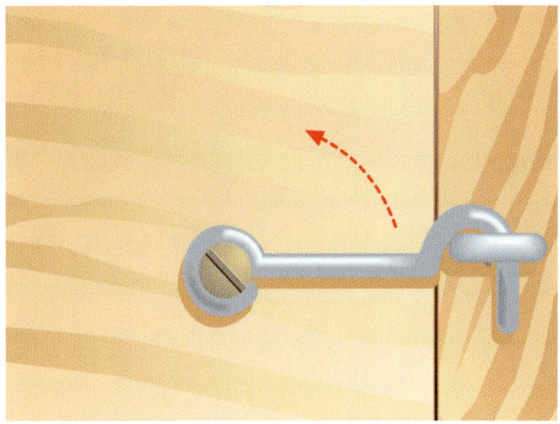

Mit einem Haken sichert man die Vorderwand.

Schutz vor Spechten

Falls du den Nistkasten in einem Gebiet mit vielen Spechten aufhängen möchtest, ist es klug, die Vorderfront mit einem 1–2 mm starken Blech zu verblenden. Achte darauf, dass es möglichst wenig glänzt. Bei Bedarf hilfst du beim „Altern" etwas mit der Drahtbürste nach. Die Bohrung in diesem Blech sollte ebenfalls 2–3 mm größer sein als das Einflugloch.

Schutz vor Dieben

Nistkästen solltest du möglichst unerreichbar für Katzen und andere Feinde anbringen. Zusätzlich kann das Einflugloch zum Schutz vor Katzen und Mardern mit einem Vorbau versehen werden. Dafür genügt bereits ein 3–4 cm starkes Vierkantholz aus Eiche oder Buche, das eine Bohrung besitzt, die etwa 2–3 mm größer ist als das eigentliche Einflugloch.

FERTIG!

Der fertige Meisenkasten ist bereit für die Brutsaison.

Poecile palustris

Sumpfmeise

Die Weidenmeise hat einen etwas kräftigeren Kopf und besitzt auf jeder Flügeldecke eine längliche helle Zeichnung.

FAMILIE: Meisen

AUFENTHALT: Dauergast

WOHNORT: wärmere Regionen Europas bis zum Ural; außerdem Ostasien

LIEBLINGSORTE: Wälder, Feldgehölze, Parks, Streuobstwiesen, Gärten

GRÖSSE: ca. 12 cm lang

LEIBGERICHTE: Insekten und deren Larven, Spinnen, Sämereien (vor allem von Kräutern und Gräsern); am Futterhäuschen: Sämereien, Sonnenblumenkerne, gehackte Erdnüsse, Fettfutter

FAMILIENPLANUNG: 1 Brut pro Jahr, 6–10 Eier pro Gelege; Höhlenbrüter

Obwohl sie so heißt, mag die Sumpfmeise gar keine sumpfigen Lebensräume – vielmehr triffst du sie in allen Arten von Laub- und Mischwäldern, Feldgehölzen, Parks, Gärten und auf Streuobstwiesen. Ihr anderer Name ist da schon viel passender: Dank ihrer glänzend schwarzen Kopfkappe wird sie auch Nonnenmeise genannt. Gebrütet wird in Baumhöhlen: Dazu nutzt sie vorhandene Höhlen oder erweitert kleine Hohlräume durch fleißiges Hacken im morschen Holz.

Man muss schon genau hinschauen, um sie von ihrer Doppelgängerin, der Weidenmeise, zu unterscheiden. Diese hat einen etwas kräftigeren Kopf und besitzt auf jeder Flügeldecke eine längliche helle Zeichnung, die annähernd dreieckig ist. Sie wird auch Mönchsmeise genannt.

SCHÜTZEN

Bei Mangel an geeigneten Baumhöhlen beziehen Sumpfmeisen auch gern einen Nistkasten als Brutquartier. Wie bei allen Kleinmeisen sollte dessen rundes Einflugloch vorzugsweise einen Durchmesser von 26–28 mm aufweisen (siehe Projekt-Seiten zum Meisenkasten).

Spinus spinus

Erlenzeisig

Das Weibchen ist graugrün mit gelben Bereichen gefärbt und deutlich gestrichelt.

FAMILIE: Finken

AUFENTHALT: Dauergast

WOHNORT: fast ganz Europa (im Süden nur punktuell), West- und Ostsibirien

LIEBLINGSORTE: mit Erlen bestandene Bachufer, Nadel- und Mischwälder (mit hohem Fichtenanteil) und Parks

GRÖSSE: ca. 12 cm lang

LEIBGERICHTE: Samen von Fichten, Erlen und Birken sowie Insekten und deren Larven; am Futterhäuschen: Sämereien, gehackte Nüsse, Fettfutter

FAMILIENPLANUNG: 2 Bruten pro Jahr, 4–5 Eier pro Gelege; Freibrüter

Der Erlenzeisig, der häufig auch nur kurz Zeisig genannt wird, gehört zur Kategorie der Schönwettersänger. Nur wenn die Sonne scheint, sind die kleinen Gesellen so richtig gesangsfreudig. Bei trübem und regnerischem Wetter verhalten sie sich dagegen meist sehr still.

Im Winterhalbjahr ziehen Erlenzeisige in großen Schwärmen über weite Strecken oder bilden kleine Trupps, die sich gemeinsam auf Futtersuche begeben. Gelegentlich kannst du dann eine solch gelbgrün eingefärbte Reisetruppe dabei beobachten, wie sie auf der Suche nach Samen geschickt an den Zweigen von Birken und Erlen herumturnen. Ein Teil wandert auch nach Süden zum Mittelmeer.

SCHÜTZEN

Möchtest du den Erlenzeisigen eine besondere Freude bereiten? Dann streue grob zerkleinerte Erd- und Haselnusskerne ins Futterhäuschen, wenn sie mal auf einen kurzen Besuch vorbeikommen.

Die gelbgrüne Färbung der Männchen wirkt viel kräftiger.

Serinus serinus

Girlitz

Girlitz-Männchen erkennt man gut an der leuchtend gelben Brust und dem gelben Kopf. Das Gefieder der Mädels ist etwas blasser, dafür streifiger.

> Kleine Körner und Samen sind mein Lieblingsessen!

FAMILIE: Finken

AUFENTHALT: März bis Oktober oder Dauergast

WOHNORT: West-, Mittel- und Südeuropa, Nordafrika, Kleinasien

LIEBLINGSORTE: offene Kulturlandschaften, Parks, Alleen, Gärten

GRÖSSE: ca. 11,5 cm lang

LEIBGERICHTE: Knospen und Samen, außerdem Insekten; an Futterstellen: feine Sämereien (Waldvogelfutter), auf dem Boden serviert

FAMILIENPLANUNG: 2 Bruten pro Jahr, 4–5 Eier pro Gelege; Freibrüter

SCHÜTZEN

Wenn's nach dem Girlitz geht, ist Wildwuchs erlaubt! Denn mit seinem dicken Schnabel pickt er gern Wildkräutersamen von Löwenzahn, Disteln und Co. vom Boden auf. Wer die Pflanzen den Winter über stehen lässt, der kann sich über regelmäßigen Besuch freuen.

Der Girlitz ist einer der nächsten Verwandten des Kanarienvogels und die kleinste heimische Finkenart. Seinen Namen verdankt der hübsche Vogel mit seinem gelben, von schwarzen Streifen durchzogenen Gefieder seinem Gesang, der wie ein klirrendes „Girlitt" klingt.

Zwar ist er ein Sonnenanbeter, den es von Oktober bis März oft in den Südwesten Europas zieht, doch gerade in den Städten lässt er sich häufig durch Futterstationen von einem Winterurlaub daheim überzeugen. Sein Nest baut er gut versteckt in dichten Sträuchern und Bäumen, wobei er Koniferen und einzeln stehende Nadelbäume – am besten mit guter Aussicht – besonders gern hat. Bei seinen oft wellenförmigen Flügen, die wie ein Hüpfen in der Luft aussehen, ist er gern in Gruppen in Begleitung seiner Artgenossen unterwegs.

Certhia brachydactyla

Gartenbaumläufer

Sein Name verrät es schon: Besonders wohl fühlt sich dieser kleine Kletterkünstler an Bäumen. Vor allem ältere Exemplare ziehen ihn magisch an: Je furchiger und rauer die Oberfläche ist, desto besser. Denn in den Schlitzen und Rissen der borkigen Rinde kann er sich wunderbar festkrallen.

Wenn er wendig und flott in Spiralen den Stamm hinaufspurtet, erinnert er fast ein bisschen an ein umherhuschendes Mäuschen. Sein dünner, spitzer, leicht gebogener Schnabel ist ein tolles Werkzeug, um winzige Insekten und deren Larven selbst aus kleinsten Borkenritzen herauszupicken.

Wie gut, dass sich die alten Bäume auch für den Nestbau prima eignen! Denn sein Nest baut der Gartenbaumläufer am liebsten in Baumritzen und hinter teilweise abgelösten Rindenstücken. Ihn zu entdecken ist aber gar nicht so einfach und manchmal muss man schon ganz genau hinsehen. Denn mit seinem braun gefleckten Gefieder ist er ein Meister der Tarnung und fällt auf der rissigen Borke kaum auf. Wenn du alte Obstbäume in deinem Garten hast, hast du gute Chancen, ihn zu sehen.

SCHÜTZEN

Ideal als künstliche Nisthilfe ist ein Schlitzkasten mit einer rechteckigen Öffnung am oberen Rand der Rückwand. Befestige den Kasten in mindestens zwei Meter Höhe am Stamm eines alten Laubbaums, sodass der Klettermaxe bequem hineinmarschieren kann – und schnell ist die Pension ausgebucht!

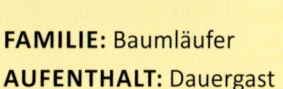

In Baumrinden finde ich mein Lieblingsessen: Insekten, Spinnen und Würmer!

FAMILIE: Baumläufer

AUFENTHALT: Dauergast

WOHNORT: Frankreich, Mittel- und Südeuropa, Nordwestafrika, Kleinasien

LIEBLINGSORTE: Laub- und Mischwälder, Parks, Obstgärten, Streuobstwiesen

GRÖSSE: ca. 12 cm lang

LEIBGERICHTE: Insekten und deren Larven, Spinnen und kleine Würmer; an Futterstellen: Fettfutter, am besten an die Baumrinde gestrichen

FAMILIENPLANUNG: 1–2 Bruten pro Jahr, 5–6 Eier pro Gelege; Höhlenbrüter

Sylvia atricapilla

Mönchsgrasmücke

Ich hab braunrote Kopffedern, bei unseren Männchen sind sie schwarz.

FAMILIE: Grasmückenartige

AUFENTHALT: April bis September oder Dauergast

WOHNORT: fast ganz Europa bis zum Ural, Kleinasien und Nordafrika

LIEBLINGSORTE: feuchte Wälder, Feldgehölze, Parkanlagen, Gärten, alte Friedhöfe

GRÖSSE: ca. 14 cm lang

LEIBGERICHTE: Insekten und deren Larven, Spinnen, Würmer, Nektar, gelegentlich Beeren; an Futterstellen: Rosinen, Fettfutter, Mehlwürmer, Beeren, Obst

FAMILIENPLANUNG: 2–3 Bruten pro Jahr, 3–6 Eier pro Gelege (zumeist 5); Freibrüter

SCHÜTZEN

Die Mönchsgrasmücke ist ein eher scheuer Gast. Am wohlsten fühlt sie sich in natürlichen Gärten mit viel Unterholz, das ihr Schutz bietet. So sind ihr auch großflächige Efeuteppiche sehr willkommen.

Das Markenzeichen des unscheinbar gefärbten Vogels ist seine namensgebende „Mönchskappe". Bei den Männchen ist sie schwarz, bei Weibchen und Jungvögeln rotbraun.

Mönchsgrasmücken bauen ihre kunstvollen napfartigen Nester, die wie mit Henkeln in Zweige oder Ranken von Sträuchern eingeflochten wirken, gewöhnlich nur einige Zentimeter über dem Boden in dichte Sträucher. Dazu verwenden sie vorwiegend trockenes Gras, Moos und kleine Wurzeln.

Ihr Lieblingsessen sind Insekten. Es darf aber auch mal eine Beere sein. In deinem Restaurant nehmen sie am ehesten Platz, wenn du ihnen Weich- und Fettfutter servierst.

Verbrachten Mönchsgrasmücken früher den Winter gern am Mittelmeer, hat ihre Reiselust inzwischen nachgelassen und immer mehr dieser Vögel reservieren sich hier ganzjährig die besten Brutplätze.

Männliche Mönchsgrasmücken (oben) besitzen ein schwarzes Scheitelgefieder, weibliche ein rotbraunes.

Sylvia curruca

Klappergrasmücke

Nicht nur die „Mühle am rauschenden Bach" klappert, sondern auch dieser unscheinbare Singvogel, der sich gern in Büschen und Hecken versteckt und sich meist nur durch seine Klapperlaute verrät. Doch ihren Zweitnamen „Müllerchen" hat die Klappergrasmücke nicht deshalb, sondern wegen ihres weißen Kehlgefieders.

Seit einiger Zeit dürfen wir sie zur Brutzeit auch in Städten und Siedlungen begrüßen. Zwischen Mai und Juni baut sie in dichten Sträuchern nahe über dem Boden ihre napfförmigen Nester. Die besten Chancen, sie zu sehen, hast du in einem größeren Garten mit üppiger, dichter Vegetation. Doch nur, wenn es etwas wärmer ist – denn die kalte Winterzeit verbringt sie lieber in Arabien oder südlich der Sahara.

SCHÜTZEN

Die Klappergrasmücke freut sich über einen naturnahen Garten mit vielen Sträuchern und Bäumen! Darin hüpft sie herum, um ihre vorwiegend aus Insekten und Spinnen bestehende Nahrung zu erbeuten.

FAMILIE: Grasmückenartige

AUFENTHALT: April bis September

WOHNORT: große Teile Europas bis Zentralsibirien und Nordchina

LIEBLINGSORTE: offene, mit Hecken und Feldgehölzen durchsetzte Flächen, Waldränder, Parks, Gärten, Siedlungen

GRÖSSE: ca. 12 cm lang

LEIBGERICHTE: kleine Spinnen, Insekten und deren Larven, Beeren; an Futterstellen bei Ganzjahresfütterung: Beeren, Mehlwürmer

FAMILIENPLANUNG: 1 Brut pro Jahr, 3–5 Eier pro Gelege; Freibrüter

Der erste Ausflug mit meinen drei flügge gewordenen Mückchen.

Beide Vogeleltern bebrüten die Eier und kümmern sich bis zum Flüggewerden um den Nachwuchs.

Sylvia borin

Gartengrasmücke

Entgegen ihres Namens ist die Gartengrasmücke eher selten im Garten anzutreffen. Öfter lassen sich die scheuen Vögel in Hecken, Feldgehölzen, lichten Wäldern und in Uferbereichen stehender Gewässer blicken. In Gärten mit zahlreichen kleineren Gehölzen hat man aber auch eine Chance, die tollen Sänger zu sehen – oder zumindest zu hören.

Bei uns sind die Gartengrasmücken Sommergäste. Den Winter verbringen sie lieber in Afrika, südlich der Sahara. Um die lange Tour gut zu überstehen, brauchen sie reichlich Fettreserven, die sie sich vor Reiseantritt anfressen. Allgemein greifen sie dabei gern zu tierischer Kost wie Insekten und Spinnen, bessern den Speiseplan aber noch mit Beeren und anderen Früchten auf. Im Mai kommen sie wieder aus dem Winterurlaub zurück und bauen ihre Nester, in dichten Büschen versteckt, meist knapp über dem Boden.

BEOBACHTEN

Auffällig ist der beigebraune Vogel, der sich gern in Gebüschen versteckt, wahrlich nicht. Oft hört man nur seinen schönen Gesang. Um ihn zu beobachten, brauchst du ein Fernglas, ein gutes Versteck – und viel Geduld!

So viele hungrige Schnäbel zu stopfen, ist ganz schön anstrengend ...

FAMILIE: Grasmückenartige

AUFENTHALT: Mai bis September

WOHNORT: fast ganz Europa bis Westsibirien und zum Südkaukasus

LIEBLINGSORTE: lichte, unterholzreiche Wälder, gelegentlich auch Ufer stehender Gewässer

GRÖSSE: ca. 14 cm lang

LEIBGERICHTE: Insekten und deren Larven, Spinnen, Würmer, Nektar, gelegentlich Beeren; an Futterstellen bei Ganzjahresfütterung: Mehlwürmer, Rosinen, Beeren, auf dem Boden serviert

FAMILIENPLANUNG: 1 Brut pro Jahr, 4–5 Eier pro Gelege; Freibrüter

Versorgt werden die Jungen abwechselnd vom Weibchen und Männchen.

Aegithalos caudatus

Schwanzmeise

Wenn sich Schwanzmeisen aufplustern, verschwimmen Kopf und Körper zu einem einzigen weichen Federball.

FAMILIE: Schwanzmeisen

AUFENTHALT: Dauergast

WOHNORT: Europa über und Sibirien bis nach China

LIEBLINGSORTE: feuchte Laub- und Mischwälder, gelegentlich auch Parks, Streuobstwiesen und Gärten

GRÖSSE: ca. 14 cm lang

LEIBGERICHTE: Insekten, Blattläuse, Spinnen, Sämereien, Knospen, kleine Beeren; an Futterstellen: Fettfutter, Sämereien, Haferflocken, Rosinen, Mehlwürmer

FAMILIENPLANUNG: 1–2 Bruten pro Jahr, 8–12 Eier pro Gelege; Freibrüter

Mich erkennst du sofort an meinem langen Schwanz!

„Verrate mir deinen Namen und ich errate, wie du aussiehst!" Dies trifft auf die Schwanzmeise besonders gut zu: Typisch ist ihr langer Schwanz, der über die Hälfte ihrer Körperlänge ausmacht!

Schwanzmeisen halten sich gern in feuchten Wäldern, Streuobstwiesen, aber auch in Gärten mit vielen Bäumen auf. Vor allem wenn du an einem gebüschreichen Dorfrand wohnst, kannst du sie oft beobachten. Denn hier finden sie viele kleine Insekten, die sie mit Vorliebe verputzen, aber auch Knospen, Samen, Flechten und Beeren. Ihre kugeligen Nester bauen sie im Frühling aus Moos, Flechten und Tierhaaren gut versteckt in Sträuchern oder Astgabeln.

Außerhalb der Brutzeit streifen die geselligen Vögel oft in „Ausflugsgruppen" mit 10–30 Teilnehmern umher. Solche Trupps stellen sich manchmal am winterlichen Futterhäuschen ein und plündern was das Zeug hält. Zu diesen „Heimatverbundenen" gesellen sich zusätzlich oft noch Exemplare aus Osteuropa, wenn die dortigen Winter für die Schwanzmeisen zu kalt sind.

Die Nester sind meist kugelförmig und gut versteckt.

Parus major

Kohlmeise

Die Kohlmeise hast du bestimmt schon oft im Garten oder in Parks gesehen. Sie ist nämlich die am häufigsten verbreitete Meisenart in Mitteleuropa. Ihren Namen hat sie von der kohlschwarzen Kopffärbung, an der du sie auch sehr gut erkennen kannst. Ein weiteres Erkennungsmerkmal ist der markante schwarze Strich auf der Brust, der bei den Weibchen meist etwas schmaler ist als bei den Männchen.

In deinem Garten fühlt sich die Kohlmeise besonders wohl, wenn es viele Bäume und dichte Hecken gibt. Hier sucht sie sich im Sommer dann jede Menge Insekten, Larven und Spinnen. Auch im Winter bleibt dir die Kohlmeise als Gast erhalten. Bereite ihr dann ein tolles Büfett am Futterhäuschen mit Futterringen, ungesalzenen Fettstücken und Meisenknödeln.

SCHÜTZEN

Kohlmeisen schätzen einen sorgfältigen Zimmerservice sehr. Sobald die jungen Meisen selbstständig und ausgeflogen sind, ist es also an der Zeit für einen Großputz. Dann solltest du das alte Nest aus dem Nistkasten entfernen und den Kasten gut mit kaltem Wasser auswaschen. Danach noch eine Hand voll trockenes Moos in den Kasten legen und dem Neubezug steht nichts mehr im Wege!

FAMILIE: Meisen

AUFENTHALT: Dauergast

WOHNORT: fast ganz Europa, Nordwestafrika, Vorderasien, Sibirien

LIEBLINGSORTE: Wälder aller Art, Parks, Feldgehölze, Streuobstwiesen, Gärten

GRÖSSE: ca. 14 cm lang

LEIBGERICHTE: Insekten und deren Larven, kleine Würmer, Spinnen, Sämereien; am Futterhäuschen: Sonnenblumenkerne, Sämereien, gehackte Erdnüsse, Fettfutter

FAMILIENPLANUNG: 1–2 Bruten pro Jahr, 7–12 Eier pro Gelege; Höhlenbrüter

Da Kohlmeisen alles andere als scheu sind, lassen sie sich hervorragend an Futterplätzen beobachten.

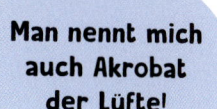

Man nennt mich auch Akrobat der Lüfte!

Dann kannst du regelrechte Schwärme von Meisen beobachten, wie sie sich in deinem Garten die Bäuche mit Futter vollschlagen.

Ganz nach Meisenart errichten Kohlmeisen ihre Nester am liebsten in Baumhöhlen, schön weich ausgepolstert mit Federn, Halmen & Co. Einen Nistkasten mit rundem Einflugloch nehmen sie auch dankend an. Wie man diesen baut, siehst du weiter vorn bei ihren kleineren Meisen-Verwandten auf den Projekt-Seiten.

Kohlmeisen sind übrigens echte Spitzbuben, die zuweilen diebische Eigenschaften an den Tag legen. So kommt es gar nicht so selten vor, dass diese kleinen Strolche Nistmaterial aus den Nestern deutlich größerer Vögel stehlen, um dieses ins eigene Nest einzubauen. Unter den Bestohlenen befinden sich sogar manchmal Krähen, die den Kohlmeisen richtig gefährlich werden können. Deshalb warten die Schlitzohren, bis die Krähen ihr Nest verlassen und schlagen dann zu. Diese Raubzüge wiederholen die Kohlmeisen dann so lange, bis sie ausreichend Nistmaterial für ihr Eigenheim haben.

Gemeinsam schmeckt es eben doch am besten.

ACH SOOO!
Sicher ist sicher

Kohlmeisen beginnen mit der Futtersuche meist erst in 10–15 Meter Entfernung von ihrer Brutstätte. Wundere dich also nicht, wenn sie dein Futterhaus verschmähen und stattdessen beim Nachbarn schlemmen. Auf diese Weise wollen sie ihr Nest vor Nesträubern verstecken.

Sitta europaea

Kleiber

Den Kleiber erkennst du nicht nur an seinem blaugrauen Gefieder, dem schwarzen Augenstreifen und dem weißen bzw. ockerfarbenen oder rostroten Bauchgefieder, sondern vor allem an seinem tollen Gezwitscher und seiner witzigen Fortbewegungsart. Er kann nämlich super klettern und flitzt häufig den Kopf voran den Baumstamm hinab, immer auf der Suche nach seiner Leibspeise: Insekten.

Er ist standorttreu, verabschiedet sich also nicht in den Süden, wenn es kalt wird, sondern bleibt dir auch in den Wintermonaten als treuer Gast erhalten. Dann kannst du ihn am Futterhäuschen beobachten, wo er sich beispielsweise sehr über Sonnenblumenkerne und Nüsse freut. Wenn du ihm Eicheln und Nüsse servierst, steckt er diese in Baumspalten

Typisch für den Kleiber: Mit dem Kopf voran läuft er die Bäume runter.

FAMILIE: Kleiber

AUFENTHALT: Dauergast

WOHNORT: große Teile Europas, Sibiriens und Kleinasiens, gemäßigte Breiten Asiens, Nordwestafrika

LIEBLINGSORTE: Misch- und Laubwälder, Parks, Alleen, Streuobstwiesen, Gärten mit alten Bäumen

GRÖSSE: ca. 14 cm lang

LEIBGERICHTE: Insekten und deren Larven, Spinnen, Sämereien, Sonnenblumenkerne, Beeren, Nüsse, Bucheckern, Eicheln; am Futterhäuschen: Sonnenblumenkerne, gehackte Erdnüsse, Fettfutter, Beeren, Sämereien

FAMILIENPLANUNG: 1 Brut pro Jahr, 6–9 Eier pro Gelege; Höhlenbrüter

Man nennt mich auch Spechtmeise!

SCHÜTZEN

Stelle dem Kleiber genügend Baumaterial zur Verfügung, damit er gleich mit dem Mauern loslegen kann! Eine feuchte Lehmkuhle ist dafür ideal. Diese sollte gut zugänglich und nicht mit Erdreich oder anderen Materialien abgedeckt sein.

Ich liiiebe gemütliche Baumhöhlen!

und knackt sie mit seinem kräftigen Schnabel einfach auf. Diesen Trick wendet er auch beim Verspeisen von Insekten an. Ist ein Käfer zu groß, um ihn in einem Haps zu verschlingen, klemmt er ihn in eine Rindenspalte und pickt daraus „schnabelgerechte" Bissen.

Zwischen April und Mai legt das Kleiber-Weibchen 6–9 Eier, aus denen nach etwa zwei Wochen Brutdauer die Jungen schlüpfen.

Eine ganz besondere Eigenart hat der Kleiber beim Nestbau: Er ist nämlich ein waschechter Maurer! Mit Lehm und Speichel mauert er den Eingang seiner Bruthöhle, die sich oft in einem Astloch befindet, so weit zu, dass nur noch er selbst hindurch schlüpfen kann. So schützt er seine Brut vor Katzen, Mardern und allen Arten von Rabenvögeln.

Nistkästen jeder Art nimmt der Kleiber gern an. Aber auch hier schreitet er unter Umständen handwerklich zur Tat: Ist ihm das Einflugloch zu groß, wird es kurzerhand mit Kleister verkleinert. Ist der Nistkasten nicht dicht, wird er sorgfältig abgedichtet, bis es nicht mehr zieht.

ACH SOOO!
Der Kleiber - ein mittelalterlicher Beruf

Im Mittelalter gab es einen weit verbreiteten Handwerksberuf: den Kleiber. Diese Handwerker waren damals für den Bau von Lehmwänden zuständig. Kein Wunder also, dass der Kleiber diesen Namen trägt.

Ficedula hypoleuca

Trauerschnäpper

FAMILIE: Fliegenschnäpper

AUFENTHALT: April bis September

WOHNORT: von Teilen Spaniens, Nordwest-afrikas und Westeuropas über Mitteleuropa und Skandinavien bis Westsibirien

LIEBLINGSORTE: lichte Wälder, Parks, Friedhöfe und Gärten

GRÖSSE: ca. 13 cm lang

LEIBGERICHTE: Insekten und deren Larven, Spinnen, selten auch Beeren und Säme-reien; an Futterstellen bei Ganzjahresfütte-rung: Beeren, Mehlwürmer

FAMILIENPLANUNG: 1 Brut pro Jahr, 5–8 Eier pro Gelege; Höhlenbrüter

Der Trauerschnäpper wird manchmal auch als Trauerfliegenschnäpper bezeichnet. Kein Wun-der, gehört er ja in deren Familie. Aufmerksam beobachtet er auf Ästen und Pfählen sitzend die Umgebung und schnappt vorbeifliegende Insekten aus der Luft. Bei uns in Europa ver-bringt er nur seine Sommerferien, die er auch sogleich für die Brut und Aufzucht seiner Jun-gen nutzt. Interessanterweise legen Trauerschnäpper umso mehr Eier, je größer die Gelege von anderen in unmittelbarer Nach-barschaft brütenden Vögel sind. Überwin-tert wird im tropi-schen Afrika.

SCHÜTZEN

Trauerschnäpper brüten bevorzugt in Baumhöhlen. Sind sie nicht vorhanden, weicht er auch auf Nistkästen aus. Deren rundes Einflugloch sollte einen Durchmesser von 30–34 mm und Abmessungen von 130 × 130 × 200 mm (Breite × Tiefe × Höhe) haben.

Die Oberseite des Männchens ist schwarz bis dunkelbraun, beim Weibchen ist sie hellbraun. Die Unterseiten sind stets weiß. Zusätzlich verfügt das Männchen über einen hellen Stirnfleck.

Muscicapa striata

Grauschnäpper

Wie sein Name schon andeutet, ist der Grauschnäpper mit seinem graubraunen, dunkel gefleckten Gefieder ein eher unscheinbarer Vogel. Leider bekommt man ihn daher eher selten zu Gesicht. Am ehesten gelingt das, wenn er auf einem seiner Jagdausflüge unterwegs ist. Denn wie sein Zweitname Grauer Fliegenschnäpper schon vermuten lässt, sind fliegende Insekten sein Leibgericht. Von einem erhöhten Platz aus stürzt er sich auf Fliegen, Mücken, Schmetterlinge & Co. Alternativ sammelt er mit geschickten Flugmanövern Käfer, Blattläuse und andere Insekten von Pflanzen ab. Im Herbst ist er einer gelegentlichen Beerenmahlzeit nicht abgeneigt. Denn diese ergänzt seine Energiereserven, bevor er für die Winterzeit nach Afrika abreist.

Hierzulande nisten die eleganten Flugartisten am liebsten in Baumhöhlen, Mauerlöchern und an bewachsenen Hauswänden. Ein Garten mit einigen alten Bäumen kommt ihnen daher sehr gelegen. Dabei macht ihnen auch die Nähe zum Menschen wenig aus.

SCHÜTZEN
Mit etwas Glück lockst du den Grauschnäpper mit einem Halbhöhlen-Nistkasten in den Garten. Generell ist er nicht wählerisch und richtet sich auch gern hinter Fensterläden, in Blumentöpfen und Mauernischen ein.

12-15 Tage bleiben meine Babys im Nest und sind kaum satt zu kriegen.

FAMILIE: Fliegenschnäpper

AUFENTHALT: April bis Oktober

WOHNORT: fast ganz Europa und Nordwestafrika bis zum Baikalsee und zur Mongolei

LIEBLINGSORTE: Wälder, Parks, Gärten

GRÖSSE: ca. 14 cm lang

LEIBGERICHTE: Insekten und deren Larven, Asseln, Schnecken, Beeren; an Futterstellen bei Ganzjahresfütterung: Beeren, Mehlwürmer

FAMILIENPLANUNG: 1 Brut pro Jahr, 4–5 Eier pro Gelege; Halbhöhlen-/Nischenbrüter

Das Nest aus Halmen, Moos sowie kleinen Ästen und Wurzeln wird sehr variabel in geschützten Nischen oder teils frei errichtet.

Erithacus rubecula

Rotkehlchen

Der neugierige kleine Vogel mit seiner charakteristischen orangeroten Kehle ist Menschen gegenüber alles andere als schüchtern: Abends nimmt er beispielsweise gern ausgedehnte „Wellnessbäder" im Gartenteich und kümmert sich dabei kaum um neugierige Zuschauer. Nicht selten hüpft er sogar munter vor dem Spaten umher, wenn man das Beet umgräbt. In der frisch gewendeten Erde gibt es nämlich viele leckere „Snacks" abzustauben.

Generell bleiben die klugen Vögel gern am Boden und sahnen oft tierische Futterreste ab, die unvorsichtige Artgenossen beim Fressen versehentlich vom Baum fallen lassen. Im Sommer ernähren sich die flinken Kerlchen gern von Würmern und Schnecken. Ihre Leibspeise sind jedoch Insekten und deren Larven. Um

FAMILIE: Fliegenschnäpper

AUFENTHALT: meist Dauergast

WOHNORT: fast ganz Europa bis Westsibirien, Kleinasien und Nordwestafrika

LIEBLINGSORTE: unterholzreiche Wälder, Parks, Friedhöfe, Feldgehölze und Gärten

GRÖSSE: ca. 14 cm lang

LEIBGERICHTE: Insekten und deren Larven, Spinnen, Schnecken, Würmer, Beeren, Sämereien; an Futterstellen: Sämereien, Rosinen, Haferflocken, Fettfutter, Mehlwürmer, Obst und Beeren, am liebsten auf dem Boden serviert

FAMILIENPLANUNG: 2–3 Bruten pro Jahr, 5–7 Eier pro Gelege; Freibrüter, gelegentlich auch Halbhöhlen-/Nischenbrüter

Der Nestbau ist bei uns ganz klar Frauensache!

Rotkehlchen bauen ihr Nest aus Moos und Blättern und polstern es gemütlich mit Haaren und Federn aus.

Bei Kälte zieht das Rotkehlchen das Köpfchen ein, legt die Flügel eng an und plustert sich auf. So kommt es auch mit Minusgraden zurecht.

Gar nicht so kalt wie es ausschaut!

SCHÜTZEN

Bei der Reisefreudigkeit herrscht bei den Rotkehlchen keine Einigkeit: Ein Teil der Vögel zieht im Oktober gen Mittelmeer, der größere Teil bleibt aber im Winter bei uns. Mit Fett- und Weichfutter, am besten auf dem Boden ausgestreut, versüßt du ihnen die kalte Jahreszeit.

diese im Magen besser zerkleinern zu können, kennen sie einen besonderen Trick: Sie fressen kleine Kiesel, die sie von Zeit zu Zeit mit anderen unverdaulichen Nahrungsbestandteilen – wie zum Beispiel dem Chitinpanzer von Insekten – wieder herauswürgen. Im Frühherbst ergänzen Beeren und Samen ihren Speiseplan und im Spätherbst und Winter stehen zerkleinerte Eicheln hoch im Kurs. Dann sind sie auch oft Gast am Futterhäuschen. Am liebsten essen sie jedoch auf dem Boden und freuen sich über dort ausgestreutes Futter.

Ihre napfförmigen Nester bauen Rotkehlchen gern in Bodennähe unter Gestrüpp, aber auch in Mauerlöchern, hohlen Baumstümpfen oder an Böschungen. Auch in Gästezimmern in Form von Nistkästen mit zwei ovalen Einfluglöchern sind sie zur Brutzeit gern zu Gast.

ACH SOOO!
Übers Ohr gehauen!

Rotkehlchen zählen zu den Vögeln, in deren Nest der Kuckuck gern seine Eier ablegt. Trotz der deutlich unterschiedlichen Größe und anderen Farbe durchschaut der sonst so aufgeweckte Vogel den Trick nicht und brütet die untergeschobenen Eier fast immer aus und zieht die „Kuckuckskinder" liebevoll auf. Entdeckt er aber den Kuckuck rechtzeitig, wird er energisch vertrieben.

Phoenicurus ochruros

Hausrotschwanz

Was seinen Wohnort angeht, ist der 14 Zentimeter lange Vogel, der vor allem durch sein rostrotes Zitterschwänzchen auffällt, recht flexibel: Lebte er früher noch vorzugsweise in felsigem Gelände in sonnigen Lagen, ist er in den letzten Jahrzehnten immer mehr in Städte und Dörfer umgezogen. Die Chance ist also groß, dass du ihn im Garten zu Gesicht bekommst – allerdings nur in der wärmeren Jahreszeit, den Winter verbringt er nämlich lieber am Mittelmeer.

Wenn die Männchen im Frühjahr wieder bei uns eintrudeln, muss erst mal ein eigenes Revier

FAMILIE: Fliegenschnäpper

AUFENTHALT: März bis November

WOHNORT: West-, Mittel- und Südeuropa, Nordwestafrika, Kleinasien über Vorderasien bis Ostasien

LIEBLINGSORTE: offenes Gelände in Felsregionen, Steinbrüchen, Kiesgruben, Dörfern, Städten

GRÖSSE: ca. 14 cm lang

LEIBGERICHTE: Insekten und deren Larven, Spinnen, gelegentlich Beeren und Obst; an Futterstellen bei Ganzjahresfütterung: Beeren, Rosinen und Mehlwürmer, auf dem Boden serviert

FAMILIENPLANUNG: 2 Bruten pro Jahr, 4–6 Eier pro Gelege; Halbhöhlen-/Nischenbrüter

Action rund ums Haus! Fast schon flügge bettelt der stets hungrige Youngster weiter kräftig um Futter.

Ich bin das hübsche Männchen!

Wie süüüß! So flauschigweich präsentiert sich anfangs der Nachwuchs.

SCHÜTZEN

Hausrotschwänze nisten am liebsten in halb offenen, schwer zugänglichen Nischen, wie Giebel- und Mauervorsprüngen. Ein Nistkasten für Halbhöhlenbrüter mit breitem Einflugschlitz ist aber auch nach ihrem Geschmack.

her. Allzu aufdringliche Nebenbuhler, die sich nicht an die „Platzregeln" halten und sich ebenfalls darin einmieten möchten, bekommen sofort Ärger – und nötigenfalls auch eins auf den Deckel. Dieses Revierverhalten zeigen sie jedoch nur gegenüber ihren Artgenossen. Artfremde Vögel, so auch ihre engsten Verwandten, die Gartenrotschwänze, werden ganz cool ignoriert.

Das Hausrotschwänzchen ist ein geschickter Jäger: Auf seinem Ansitz wartet er auf vorbeifliegende Insekten, die er geschickt im Flug erbeutet. Auch auf Kompostbehältern im Garten wartet er, bis sich Insekten zeigen. Der Hausrotschwanz muss dann nur noch zugreifen! Ganz schön clever, oder?

Das Hausrotschwanz-Männchen (oben) ist dunkler als das Weibchen. Seine Brust und sein Kopf sind schwarz und der Rücken dunkelgrau. Einen rötlichen Schwanz haben aber beide.

Wir Frauen sind dagegen ganz unscheinbar!

Phoenicurus phoenicurus

Gartenrotschwanz

Der Gartenrotschwanz zeigt Mut zur Farbe: Mit seinem auffälligen roten Zitterschwänzchen ist er nicht zu übersehen! Beim Männchen sind auch Bauch und Brust kräftig orange bis rostrot. Das Weibchen ist mit seinem beige-braunen Federkleid deutlich dezenter unterwegs.

Im Garten ist das Rotschwänzchen leider immer seltener anzutreffen. Ein Grund dafür ist, dass in unseren Siedlungen und Wäldern alte, hohle Bäume immer rarer werden. Und auf die sind die Vögel angewiesen, wenn sie im Frühling aus ihrem Winterquartier in Zentralafrika in die heimischen Brutgebiete zurückkehren, auf Brautschau gehen und ihr Nest bauen wollen.

Orangefarbene Brust, schwarze Kehle und Wangen sowie ein weißes Stirnband schmücken das Männchen.

Im Spätsommer zieht es mich in den Süden, wo ich überwintere.

FAMILIE: Fliegenschnäpper

AUFENTHALT: April bis September

WOHNORT: fast ganz Europa bis Vorderasien und zum Baikalsee, punktuell auch in Nordwestafrika

LIEBLINGSORTE: lichte Laubwälder sowie Parks, Streuobstwiesen und Gärten mit alten Baumbeständen

GRÖSSE: ca. 14 cm lang

LEIBGERICHTE: Insekten und deren Larven, Spinnen, gelegentlich Beeren; an Futterstellen bei Ganzjahresfütterung: Beeren, Rosinen und Mehlwürmer, auf dem Boden serviert

FAMILIENPLANUNG: 1, seltener 2 Bruten pro Jahr, 6–7 Eier pro Gelege; Höhlen-/Halbhöhlenbrüter

Das Gartenrotschwanz-Weibchen ist schlichter. Es hat ein beiges Brustgefieder, ihr Rücken ist graubraun, nur der Schwanz ist auch rot.

SCHÜTZEN

Bei der „Hotelwahl" ist der findige Vogel auch mal extravagant: Briefkästen, Blumentöpfe und Gießkannen sind unkonventionelle Alternativen. Also aufpassen und nicht benutzen, bis Brut und Aufzucht beendet sind!

Dabei bestehen die Männchen meist auf ihrem Revier vom Vorjahr und reservieren sich gleich eine mindestens 10 000 bis 15 000 Quadratmeter große Fläche – etwa zwei bis drei Fußballfelder groß! Allerdings muss man bedenken, dass sich darauf viele andere Vogelarten und sonstige Tiere tummeln, die auch allesamt Vollpension gebucht haben. Da können Wohnraum und Verpflegung schon mal knapp werden!

Grund genug, dem begabten Sänger mit der schönen Stimme helfend „unter die Flügel zu greifen". Mangelt es an passenden Sommerunterkünften in Baumhöhlen, verlassenen Spechthöhlen, Felsspalten und Co., werden auch gern im Garten aufgehängte Nisthilfen bezogen. Zwar ist der Gartenrotschwanz ein Höhlen- bzw. Halbhöhlenbrüter, jedoch bevorzugt er ein etwas helleres Appartement. Daher sollte das ovale Einflugloch etwas größer sein.

Ist Platz vorhanden, kann es auch nicht schaden, den einen oder anderen Baum zu pflanzen. Lockere Sträucher im Garten bieten dann noch das passende Büfett, um sich nach Herzenslust an Insekten, Larven und anderen Kleintieren sowie hin und wieder ein paar Beeren zu bedienen.

Passer domesticus

Haussperling

Der oft auch als Spatz bezeichnete Haussperling hat nicht den besten Ruf: Da die Vögel manchmal scharenweise Getreidefelder „plündern", werden sie oft als Schädlinge angesehen. Doch dies ist nur eine Seite der Medaille! Denn auf der anderen Seite fressen sie auch viele mitunter schädliche Insekten und deren Larven. So befreien die immer hungrigen Spatzen zum Beispiel Pflanzen von Blattläusen.

Zu Unrecht gilt der Spatz auch als frech und zänkisch. Diese Einschätzung mag daran liegen, dass er Nest und Schlafplatz schon mal energisch gegen Artgenossen verteidigt. Ansonsten ist der Haussperling aber ein angenehmer Nachbar, der sich in Gesellschaft pudelwohl fühlt und gern größere Schwärme bildet. Oft bauen die Paare ihre Nester sogar gemeinsam

Manche meiner Kollegen haben bis zu drei Weibchen.

Solche Möchtegern-Casanovas!

FAMILIE: Sperlinge

AUFENTHALT: Dauergast

WOHNORT: nahezu ganz Europa, große Teile Asiens und Nordafrikas; eingeführt in Amerika, Afrika, Ostaustralien und Neuseeland

LIEBLINGSORTE: Siedlungen, Parks, Gärten

GRÖSSE: ca. 14 cm lang

LEIBGERICHTE: Samen, Knospen, Beeren, Insekten; am Futterhäuschen: Sämereien, Haferflocken, Sonnenblumenkerne, gehackte Erdnüsse, Mehlwürmer, Beeren

FAMILIENPLANUNG: 2–3 Bruten pro Jahr, 4–6 Eier pro Gelege; Höhlenbrüter

Oben das Männchen, unten das Weibchen

In einer Vogelpension mit Pool fühlen sich Spatzen pudelwohl – egal, ob mit Wasser oder aus Staub und Sand.

SCHÜTZEN

Wildstauden wie Akelei, Wiesenmargerite oder Großblütige Königskerze bieten den Körnerfressern viele leckere Samen. Heimische Stauden, Gräser und Sträucher ziehen außerdem auch viele Insekten an, die der Haussperling dringend für die Aufzucht seiner Jungen benötigt.

mit mehreren Paaren auf relativ engem Raum, wobei sie dann nur das Mini-Territorium um ihr Nest herum als ihr Revier betrachten. Dort sollte sich dann lieber kein Artgenosse blicken lassen. Auch die Anwesenheit von Menschen wird mit einem heftigen Tschilpen bemeckert.

Ansonsten kommt der Spatz mit uns Menschen prima zurecht und ist aus unseren Gärten und Städten nicht wegzudenken – wenngleich die Haussperlingsbestände leider in den letzten Jahrzehnten zunehmend abnehmen, unter anderem weil Nistplätze fehlen. Ein Grund mehr, den niedlichen Piepmätzen unter die Flügel zu greifen!

Spatzen nisten am liebsten in Höhlen und Nischen, zum Beispiel unter Dächern und in Mauerspalten. Aber auch einen Zweilochnistkasten – am besten gleich als „Reihenhaus" – nehmen sie meist dankend an (siehe auf der folgenden Projekt-Seite).

ACH SOOO!
Von wegen Dreckspatz!

Spatzen sind wahre Hygiene-Freaks! Mit ausgiebigen Staub- und Wasserbädern säubern sie sich und befreien sich von unliebsamen Parasiten. Ein „Spatzenpool", zum Beispiel aus einer flachen, mit Wasser gefüllten Schale oder einem mit Sand gefüllten Blumenuntersetzer neben der Vogeltränke erweitert ihre „Fun- und Wellnesslandschaft".

Freie Gruppenunterkunft

GEMEINSCHAFTSKASTEN FÜR SPERLINGE

Da Sperlinge gesellige Vögel sind, bietet sich ein spezieller Gemeinschaftsnistkasten, eine Art „Reihenhaus für Spatzen", an. Man brütet gemeinsam, aber die Privatsphäre bleibt somit gewahrt.

Eins nach dem anderen

Wir Spatzen sind ja soooo gesellig!

Bohre alle Bretter vor, damit das Holz nicht platzt. Verschraube dann die Zwischen- und Seitenwände mit der Rückwand.

1

2

Schraube das Dach und den Boden an.

3

Zuletzt schraubst du die Frontplatte auf und hängst das fertige Sperlingsquartier an einem geeigneten Ort auf.

MATERIALLISTE

Als Baumaterial benötigst du neben dem geeigneten Werkzeug und ein paar Schrauben:

- 1 Rückwand von 67,5 × 15 cm
- 2 Seiten- und 3 Zwischenwände von je 15 × 15 cm
- 1 Boden und 1 Dach von 67,5 × 18 cm
- 1 Front mit Einfluglöchern von 67,5 × 15 cm. Der Durchmesser der Einfluglöcher sollte 32–35 mm betragen.

Passer montanus

Feldsperling

Ein ausgeprägtes Sozialverhalten ist typisch für den oft zutraulichen Vogel.

Ich bin gern zusammen mit meinen Kumpels unterwegs!

FAMILIE: Sperlinge

AUFENTHALT: Dauergast

WOHNORT: ganz Europa mit Ausnahme einiger Teile Skandinaviens, große Teile Asiens; in Südostaustralien eingeführt

LIEBLINGSORTE: offene, baumbestandene Landschaften, Obstplantagen, Streuobstwiesen, Parks, Waldränder, Dörfer, selten in Städten

GRÖSSE: ca. 14 cm lang

LEIBGERICHTE: Sämereien, Insekten, Obst, Knospen; am Futterhäuschen: Sämereien, Haferflocken, Sonnenblumenkerne, gehackte Nüsse, Fettfutter, Mehlwürmer

FAMILIENPLANUNG: 2–3 Bruten pro Jahr, 3–6 Eier pro Gelege; Höhlen-/Halbhöhlen-/Nischenbrüter

SCHÜTZEN

Der Feldsperling ist ein Höhlenbrüter, der in freier Natur zu seinen Brutzeiten im April und Juli oft verlassene Spechthöhlen in Beschlag nimmt und ein dankbarer Nachnutzer von Uferschwalbenquartieren ist. Aber auch Nistkästen in Feld und Flur sind ihm genehm.

Der Feldsperling wird oft mit seinem Verwandten, dem Haussperling, verwechselt. Dabei ist er an dem typischen schwarzen Fleck auf der Wange eigentlich gut zu erkennen.

Der scheue Vogel ist kein großer Freund von Städtereisen und ein echtes „Landei". Wenn du in einer dörflichen Umgebung wohnst, hast du gute Chancen, ihn zu sehen. Mit Artgenossen streift er gern durch die Gegend und sucht in Hecken, Büschen und Obstgärten nach Samen, Getreidekörnern und Insekten. Auch Staub-

und Wasserbäder zählen zu seinem „Freizeitprogramm". In den meisten Gegenden macht der Feldsperling ganzjährig Urlaub daheim. Nur die Bewohner nördlicher und östlicher Gegenden machen sich im Winter meist auf die Reise ins wärmere Mittel- und Westeuropa, wo dann manchmal fast Massentourismus herrscht. Jedes Futterhaus ist daher willkommen!

Prunella modularis

Heckenbraunelle

Die Heckenbraunelle ähnelt dem Haussperling-Weibchen, hat aber einen bläulichgrauen Kopf.

SCHÜTZEN

Die Heckenbraunelle und viele andere Vogelarten nisten bevorzugt in Hecken und im dichten Gebüsch. Damit sie die nötige Ruhe haben, dürfen sie dabei nicht gestört werden und die Hecke darf auch erst ab dem Herbst wieder geschnitten werden.

FAMILIE: Braunellen

AUFENTHALT: Dauergast

WOHNORT: nahezu ganz Europa und Kleinasien

LIEBLINGSORTE: Wälder, Parks und Gärten mit reichlich Unterholz

GRÖSSE: ca. 15 cm lang

LEIBGERICHTE: Insekten (mit Vorliebe Blattläuse) und deren Larven, Spinnen, Sämereien; an Futterstellen: Sämereien, Rosinen, Beeren, Obst und Mehlwürmer, auf dem Boden serviert

FAMILIENPLANUNG: 2 Bruten pro Jahr, 4–5 Eier pro Gelege; Freibrüter

Von wegen graue Maus unter den Singvögeln ...

Die unauffälligen Vögel sind echte Waldliebhaber und verstecken sich daher gern im Unterholz, wo sie mit ihrem braunen, schwarz gestreiften Gefieder perfekt getarnt sind. Ebenso gut verbergen sie ihr Nest im dichten Gebüsch oder in Hecken nahe am Boden. Trotz aller Tarnung fallen die Eier und die Jungen aber nicht selten Nesträubern wie Katzen zum Opfer – besonders beim ersten Gelege im April, wenn die schützende Vegetation noch spärlich ist.

Beim Winterurlaub ist man sich uneins: Heckenbraunellen, die in Gebieten mit sehr kalten Wintern wohnen, zieht es im Winter Richtung Südeuropa und zum Schwarzen Meer.

In den übrigen Gebieten bleiben sie in ihren Brutgebieten, wo man sie dann mit etwas Glück auch am Futterhäuschen als Gast begrüßen kann. Bevorzugt suchen sie ihre Nahrung aber gut geschützt unter Hecken und Sträuchern am Boden. Dabei huschen sie fast mausartig am Boden entlang.

Bei den Heckenbraunellen gibt es eine Besonderheit: Sie zählen zu den wenigen Vogelarten, bei denen auch das Weibchen ein Revier besetzt. Da sich dieses häufig mit den Revieren mehrerer Männchen überlappt, kommt es häufig vor, dass sich ein Weibchen in einer Saison mit mehreren Männchen verpaart. Alle beteiligten Eltern kümmern sich dann friedlich gemeinsam um den Nachwuchs.

Linaria cannabina

Bluthänfling

Der Bluthänfling wird auch gern nur als Hänfling oder aber als Flachsfink bezeichnet. Die Geschlechter sind ganz unterschiedlich gefärbt: Während das Männchen ein kräftig rotes Brust- und Scheitelgefieder besitzt, erinnert das Weibchen äußerlich eher an ein Sperling-Weibchen. Jedoch haben die weiblichen Bluthänflinge auch ein braunes Streifenmuster auf ihrem Brust- und Bauchgefieder. Bis weit ins 20. Jahrhundert hinein war der Bluthänfling ein beliebter Volierenvogel, der uns zusätzlich mit seinem anmutigen Gesang erfreute. Oft singen die Vögel sogar im Chor.

BEOBACHTEN

Der Begriff des „Turteltäubchens" trifft in großem Maße auch auf die Bluthänflinge zu, denn die Paare bekunden oft ihre Zuneigung. So begeben sie sich nicht nur gern gemeinsam auf Nahrungssuche, sondern fordern auch häufig zum Schnäbeln und zum Putzen des Gefieders auf. Für das Wellness-Programm streckt ein Partner dem anderen seinen Nacken, Kopf oder die Kehle entgegen. Der Aufgeforderte zieht dann vorsichtig die Federn der betreffenden Körperbereiche durch seinen Schnabel.

Der Bluthänfling ist ein sehr friedlicher Vogel, der kein Revier besetzt und nur den unmittelbaren Nestbereich als „seinen Besitz" verteidigt. Ist reichlich Nahrung vorhanden, brüten die Vögel ab und an sogar in kleinen Kolonien. Außerhalb der Brutzeit bilden die Bluthänflinge oftmals große Schwärme, denen sich im Winter häufig auch andere Finkenvögel oder Ammern anschließen.

Leicht zu unterscheiden: das Weibchen (oben) und das Männchen (unten)

FAMILIE: Finken

AUFENTHALT: Dauergast

WOHNORT: große Teile Europas mit Ausnahme des Nordens, Nordafrika, Kleinasien, Westsibirien, Teile Mittelasiens

LIEBLINGSORTE: halb offenes Gelände, lichte Wälder, Weinberge, Parks, Friedhöfe, große Gärten

GRÖSSE: ca. 14 cm lang

LEIBGERICHTE: Sämereien (vor allem von Wildkräutern), Insekten und deren Larven, Spinnen; an Futterstellen: Sämereien, gehackte Nüsse, gern auf dem Boden serviert

FAMILIENPLANUNG: 2 Bruten pro Jahr, 5–6 Eier pro Gelege; Freibrüter

Carduelis carduelis

Stieglitz

Der wegen seiner Vorliebe für Distelsamen auch Distelfink genannte Stieglitz mag es farbenfroh: Besonders auffällig ist seine rote Gesichtsmaske.

Geselligkeit ist bei ihm Trumpf. Selbst beim Brüten schätzt er die Nähe von Artgenossen. Nur die unmittelbare Umgebung des Nestes, das er gern auf den Außenzweigen von Bäumen baut, ist tabu. Und im Winter bilden die nahezu unermüdlichen Finken oft mit Girlitzen, Grünfinken und Bluthänflingen bunte „Fluggemeinschaften", die auf Nahrungssuche umherziehen. Neben lichten Laubwäldern besucht der Stieglitz dabei auch gern unsere Gärten. Hauptsache, er findet dort Samen, die sein Lieblingsessen sind.

Die heimischen Vögel bleiben im Winter meist hier und erhalten dann oft Gesellschaft von sibirischen Artgenossen.

FAMILIE: Finken

AUFENTHALT: Dauergast

WOHNORT: Westeuropa und Nordafrika bis Mittelsibirien und Vorderasien

LIEBLINGSORTE: offene, baumbestandene Landschaften, Parks, Obstgärten, Streuobstwiesen, lichte Wälder, Gärten, Weinberge

GRÖSSE: ca. 12 cm lang

LEIBGERICHTE: Sämereien (vor allem von Disteln, Ampfer, Beifuß, Birke und Kiefer), kleine Insekten; an Futterstellen: Sämereien

FAMILIENPLANUNG: 2 Bruten pro Jahr, 5–6 Eier pro Gelege; Freibrüter

Am wohlsten fühl ich mich in Gesellschaft meiner Artgenossen!

Rot, gelb, braun, beige, weiß und schwarz – der Stieglitz mag's bunt!

SCHÜTZEN

Im Winter nehmen hungrige Stieglitze oft lange Flüge auf sich, um an Futter zu kommen. Das Leben erleichtern kannst du ihnen mit einer Futtersäule, gefüllt mit kleinen Sämereien. Ihre Favoriten sind vor allem Distel-, Lein- und Hanfsamen.

Fringilla coelebs

Buchfink

BEOBACHTEN

Während das Weibchen ein schlichtes Federkleid in Grünlichbeige trägt, ist „Herr Buchfink" mit seinem Frühjahrsgefieder, das von Weinrot bis Grau schillert, ein echter Schönling. Im Winter verblasst es jedoch.

FAMILIE: Finken

AUFENTHALT: Dauergast

WOHNORT: fast ganz Europa und Kleinasien bis Westsibirien, Nordwestafrika

LIEBLINGSORTE: Wälder, Parkanlagen, Feldgehölze, dichte Alleen, Friedhöfe, Gärten, Dörfer und Städte

GRÖSSE: ca. 15 cm lang

LEIBGERICHTE: Sämereien, Beeren, Insekten und deren Larven; an Futterstellen: Sämereien, gehackte Nüsse, Haferflocken, Rosinen, Beeren und Mehlwürmer, am liebsten auf dem Boden serviert

FAMILIENPLANUNG: 2 Bruten pro Jahr, 4–6 Eier pro Gelege; Freibrüter

Der Buchfink gehört zu den häufigsten Singvögeln Mitteleuropas. Im Unterschied zu seinen Artgenossen in Skandinavien, Osteuropa und Sibirien, die es im Herbst in wärmere Gegenden im Süden zieht, verzichten die mitteleuropäischen Exemplare fast immer auf derartige Reisen. Im Winter sind sie häufig in Gruppen unterwegs, denen sich gern auch andere Finkenarten und Ammern anschließen dürfen. Bei ihren „Gastro-Touren", auf denen sie auf Futtersuche um die Häuser ziehen, machen die „Ausflugsgruppen" auch immer wieder gern an Futterhäuschen Rast. Besonders Gärten mit vielen Bäumen und Sträuchern haben es ihnen angetan.

Wenn aber der Frühling kommt, verlieren sich die Finkengemeinschaften schnell aus den Augen. Denn dann ist es Zeit für die Partnersuche: Die Männchen besetzen ein Revier und umgarnen die Weibchen mit ihrem ausdauernden Balzgesang.

Ihr Nest bauen Buchfinken gern geschützt hoch im Baum in einer Astgabel. Die Jungen werden dann von beiden Elternteilen mit Insekten und deren Larven versorgt. Nach zwei Wochen beginnen sie, wie die Erwachsenen, Samen und beerenartige Früchte zu fressen.

> Für die Mädchen singe ich manchmal 2000-mal am Tag!

Weibchen am Nest mit dem kleinen Nachwuchs

ACH SOOO!
Sichere Wohngemeinschaften

Buchfinken brüten oft in der Nähe von Amseln oder Singdrosseln. Als Grund dafür wird vermutet, dass sich die brütenden Buchfinken-Weibchen in der Nähe dieser Vögel sicherer fühlen.

Fringilla montifringilla

Bergfink

Bergfinken-Männchen fallen durch ihr buntes Gefieder auf. Das Federkleid der Weibchen ist schlichter, mit bräunlichen Kopf- und Rückenfedern.

Im Sommer ziehen wir lieber in den kühleren Norden!

FAMILIE: Finken

AUFENTHALT: Wintergast oder kurzer Zwischenstopp

WOHNORT: Skandinavien über die russische Tundra und Sibirien bis Kamtschatka

LIEBLINGSORTE: lichte Nadel- und Mischwälder

GRÖSSE: ca. 15 cm lang

LEIBGERICHTE: Sämereien, Beeren, Insekten, Würmer, Spinnen; an Futterstellen: Sonnenblumenkerne, Sämereien, gehackte Nüsse, Obst und Beeren, am liebsten auf dem Boden serviert

FAMILIENPLANUNG: 1 Brut pro Jahr, 5–7 Eier pro Gelege; Freibrüter

SCHÜTZEN

Bucheckern gehören zu den Leibspeisen von Bergfinken. Als „Buchecker-Ersatz" kannst du sie in deinem Futterhäuschen mit Sonnenblumen- oder Haselnusskernen verwöhnen. Auch zu einer exotischen Mahlzeit aus Kokosnussfruchtfleisch sagt der Bergfink nicht Nein.

Den Bergfink bekommen wir nur in der kalten Jahreszeit zu Gesicht. Im Herbst reist er in großen Reisegruppen aus dem Norden an und macht hier einen Zwischenstopp auf dem Weg zum Mittelmeer oder mietet sich für den Winter bei uns ein. Nach Urlaubsende kehrt er zum Brüten wieder in seine nördliche Heimat zurück. Während seines Winterurlaubs unternimmt er gern mit seinem nahen Verwandten, dem Buchfinken, große Gruppenausflüge mit Einkehr bei Speis und Trank. Und auch einer Übernachtung im „Gemeinschaftsraum" ist der gesellige Vogel nicht abgeneigt: In kalten Winternächten kuschelt er sich gern mit anderen Berg- und Buchfinken in dichten Baumkronen aneinander, um sich zu wärmen.

Seinen Aufenthalt angenehm machen kannst du ihm mit einem Futterhäuschen im Garten. Denn hier machen kleine Finkengruppen gern Stopp. Während sich die Vögel im Sommer besonders über Insekten freuen, stehen im Winter vor allem fettreiche Nüsse und Samen hoch im Kurs. Nicht umsonst hält sich der Bergfink gern in Wäldern mit vielen Buchen, Kiefern, Weiden und Birken auf.

Chloris chloris

Grünfink

Der gelbgrüne Vogel ist ein freundlicher Zeitgenosse, der die Gesellschaft von anderen Finken mag. Im Winter erkunden die Vögel gern in Gruppen die Umgebung. Wenn's ums Futter geht, hält jedoch manchmal die Freundschaft nicht lang an, und wer sich vordrängt, wird schon mal energisch vom „Tisch" vertrieben.

Der Grünfink bevorzugt pflanzliche Kost und versorgt schon seine Jungen mit einem Müsli aus vorgeweichten Samen. Im Sommer stehen meist Pflanzenteile, Knospen und Beeren auf dem Speiseplan, im Winter hingegen ölhaltige Samen und Früchte – vor allem den Hagebutten der Wildrosen kann er nicht widerstehen!

Auch in der Nähe von Menschen fühlt sich der Grünfink wohl. Nur ein dicht belaubtes Versteck für sein Nest sollte es zur Brutzeit von April bis Juli sein! Neben Hecken und Büschen kommen für ihn auch Kletterpflanzen an Hausfassaden infrage. Dann kommst du vielleicht auch in den Genuss, dem melodischen Gesang des Männchens lauschen zu können: Die Arien dieses Meistersängers klingen fast wie bei einem Kanarienvogel!

Grünfinken-Weibchen sind insgesamt schlichter und weniger gelb gefärbt als die Männchen.

FAMILIE: Finken

AUFENTHALT: Dauergast

WOHNORT: fast ganz Europa, Nordwestafrika, Klein- und Zentralasien

LIEBLINGSORTE: offene Landschaften mit Baumgruppen und Hecken, Heidegebiete, Waldränder, lichte Parks, Gärten und Friedhöfe

GRÖSSE: ca. 15 cm lang

LEIBGERICHTE: Sämereien, Knospen, Beeren, Früchte; am Futterhäuschen: Sämereien, Sonnenblumenkerne, gehackte Erdnüsse, Obst, Beeren

FAMILIENPLANUNG: 2 Bruten pro Jahr, 4–6 Eier pro Gelege; Freibrüter

SCHÜTZEN

Futterhäuschen im Garten laden zu einer willkommenen Rast ein. Besonders lassen sich Grünfinken davon begeistern, wenn man ihnen darin neben Sonnenblumenkernen auch Hanfsamen anbietet. Auch Meisenknödel werden im Winter gern angenommen.

Ich bin ein überzeugter Vegetarier!

Pyrrhula pyrrhula

Gimpel

Der Gimpel ist auch als Dompfaff bekannt, weil sein roter Bauch und die schwarze „Kappe" die Menschen an die Kleidung von Domprälaten erinnerte.

Dabei treiben es die männlichen Exemplare um einiges bunter als die Weibchen: Während ihr Rücken blaugrau und Brust-Kehl-Bereich leuchtend rot ist, hat das Weibchen einen braungrauen Rücken und eine ebenso gefärbte Brust und Kehle.

Äußerlich eine imposante Erscheinung, ist der Gimpel während der Brutzeit gesanglich eher ein Freund der leisen Töne. Am häufigsten hört man sein weich geflötetes „Diüü".

Während es die hier heimischen Gimpel meist das ganze Jahr über in ihrem vertrauten Brutgebiet am schönsten finden, kommen ihre nordeuropäischen Vettern im Herbst oft auf Winterbesuch hierher. In der kalten Jahreszeit

FAMILIE: Finken

AUFENTHALT: Dauergast

WOHNORT: große Teile Europas und Kleinasiens bis Japan und Kamtschatka

LIEBLINGSORTE: unterholzreiche Nadel- und Mischwälder, außerdem Parks, Gärten und alte Friedhöfe

GRÖSSE: ca. 17 cm lang

LEIBGERICHTE: Sämereien, Knospen, Beeren; am Futterhäuschen: Sämereien, Sonnenblumenkerne, gehackte Nüsse, Beeren, Obst

FAMILIENPLANUNG: 2 Bruten pro Jahr, 4–6 Eier pro Gelege; Freibrüter

Haben sie sich erst einmal gefunden, bleiben Gimpel-Paare ein Leben lang zusammen.

Der Gimpel wird wegen seines schwarzen Scheitelgefieders auch Dompfaff genannt.

SCHÜTZEN

Vielleicht machst du die Beobachtung, dass im Winter hin und wieder Gimpel in deinem Futterhäuschen „einkehren". Achte dann darauf, ihnen nicht nur Sonnenblumenkerne zu „servieren", sondern ergänze das Angebot um kleinkörnige Sämereien. Denn die mögen sie besonders gern.

Im Winter gehöre ich zu den Farbtupfern an der Futterstelle!

finden sie sich dann auch gern an Futterhäuschen ein. Dabei bilden sie meist kleine „Fluggemeinschaften", in denen sie weit umherziehen.

Normalerweise sind unterholzreiche Wälder ihre Lieblingsplätze. Wenn im Garten jedoch die eine oder andere Fichte oder fichtenähnliche Konifere wächst, behagt es dem Gimpel auch hier. Ihr Nest, in dem sie zweimal jährlich zwischen Mai und Juli brüten, bauen die eher scheuen Vögel gern in Nadelgehölzen oder dicht belaubten, großen Sträuchern.

Wenn's um die Verpflegung geht, ist der Gimpel nicht sehr wählerisch und frisst neben Wildkräutersamen zum Beispiel auch Insekten und Beeren.

Coccothraustes coccothraustes

Kernbeißer

Leicht lässt sich der Kernbeißer an seinem kräftigen, überdimensional großen Schnabel, der sogar Kirschkerne zerbrechen kann, erkennen. Der mächtige Schnabel und die Größe des Vogels sind sicher die Gründe, weshalb der Kernbeißer in früheren Zeiten auch als Finkenkönig bezeichnet wurde.

Kernbeißer bekommt man im Sommer zumeist nur selten zu Gesicht. Das liegt zum einen daran, dass die Vögel relativ scheu sind, und zum anderen, dass sie sich bevorzugt im Kronenbereich hoher Bäume aufhalten. Im Unterschied zu vielen anderen Vogelarten, bei denen die frisch geschlüpften Nestlinge sofort mit kleinen Insekten und Spinnen gefüttert werden, erhalten junge Kernbeißer ihre Erstnahrung in angedauter Form zumeist aus dem Kropf der Mutter.

Den Winter verbringen die Kernbeißer vorwiegend in ihren Brutgebieten. Sie schließen sich dann häufig zu kleinen Trupps zusammen. Als Schlafplätze werden oft Nadelbäume ausgewählt, weil diese sowohl bei Schneefällen als auch vor Zugriffen durch Raubfeinde mehr Schutz bieten.

Weg von meinem Futterplatz! Nein, das ist meiner! Nein, meiner!

FAMILIE: Finken

AUFENTHALT: Dauergast

WOHNORT: fast ganz Europa mit Ausnahme des Nordens, Nordwestafrika, Kleinasien, Südsibirien bis Japan

LIEBLINGSORTE: lichte Wälder, Parks, Gärten, Streuobstwiesen

GRÖSSE: ca. 17 cm lang

LEIBGERICHTE: Samen, Früchte, Knospen, Insekten und deren Larven; am Futterhäuschen: Sonnenblumenkerne, gehackte Nüsse, geschrotetes Getreide

FAMILIENPLANUNG: 1 Brut pro Jahr, 4–6 Eier pro Gelege; Freibrüter

BEOBACHTEN

Im Winter hast du gute Chancen, dass Kernbeißer deine Futterstationen aufsuchen. Häufig zeigen sie dort am Büfett aber nicht die allerbesten Manieren und versuchen andere gefiederte Besucher vom Futter abzudrängen. Mitunter gewinnt man sogar den Eindruck, dass die Kernbeißer an den dabei entstehenden Rangeleien und Raufereien regelrecht Spaß haben!

Kernbeißer besitzen einen sehr kräftigen Schnabel, mit dem sie sogar Kirschkerne öffnen können.

Emberiza citrinella

Goldammer

„Zu Hause ist es am schönsten", denkt sich die Goldammer und verbringt auch die Winterferien meist in ihrer Heimat. Da ist sie gern in Gesellschaft von Artgenossen in größeren Schwärmen unterwegs, um auf den Feldern nach Restsamen zu suchen. Ende Februar setzen sich die Männchen aber von der Gruppe ab, um ein Revier zu besetzen.

Vor allem die Goldammer-Männchen sind gut zu erkennen. Mit ihrem kanarienvogelgelben Gefieder sorgen sie für Farbtupfer im Garten. Frau Goldammer ist eher unscheinbar grünbraun und hat nur einzelne gelbe Stellen an der Kehle und Unterseite. Beide sind dunkel gestreift.

FAMILIE: Ammern

AUFENTHALT: Dauergast

WOHNORT: große Teile Europas bis Mittelsibirien

LIEBLINGSORTE: offene, von Gehölzgruppen durchzogene Landschaften, Waldränder, Baumalleen

GRÖSSE: ca. 16,5 cm lang

LEIBGERICHTE: Körner, Sämereien, Insekten, Spinnen; an Futterstellen: Sämereien und Haferflocken, auf dem Boden serviert

FAMILIENPLANUNG: 2 Bruten pro Jahr, 3–5 Eier pro Gelege; Freibrüter

SCHÜTZEN

Ihre Nester bauen Goldammern von April bis Juli meist am Boden unter Sträuchern und Hecken. Dann gilt: „Bitte nicht stören". Ansonsten sind sie besonders auf dem Land nicht menschenscheu und lassen sich mit kleinen Sämereien und Haferflocken gut anlocken. Am liebsten fressen sie am Boden.

An meinem Gesang kannst du dich bis weit in den Herbst hinein erfreuen!

Das prächtige Federkleid der Männchen kann so kräftig gelb sein wie bei Kanarienvögeln.

Apus apus

Mauersegler

Charakteristisch für den Mauersegler sind seine langen, sichelförmigen Flügel und der kurze Schwanz. Besonders beim Fliegen verwechselt man sie leicht mit Schwalben.

FAMILIE: Segler

AUFENTHALT: Mai bis August

WOHNORT: Europa (mit Ausnahme des Nordens) bis ins nordöstliche China und Nordwestafrika

LIEBLINGSORTE: ursprünglich nur in felsigen Gebirgen und Wäldern; seit dem Mittelalter in Siedlungen, brütet in Burgen, Kirchtürmen, mehrgeschossigen Steinbauten, Hochhäusern, Fabrikgebäuden oder Bahnhöfen

GRÖSSE: ca. 17 cm lang

GRÖSSE: fast ausschließlich Insekten und winzige, an Fäden schwebende Spinnen

FAMILIENPLANUNG: 1 Brut pro Jahr, 2–3 Eier pro Gelege; Höhlenbrüter

Ich kann nicht anders, fliegen ist mein Leben!

SCHÜTZEN

Gibt es in deiner Gegend Mauersegler, kannst du sie mit speziellen Brutkästen in deine Vogelpension locken. Diese Nisthilfen haben ein horizontales, an den Seiten abgerundetes Einflugloch, das sich an der Kastenfront oder an den beiden Seitenwänden befindet.

Sowohl in seinem Aussehen als auch im Flugbild erinnert der Mauersegler an mehrere andere Vogelarten. So hat er die Größe eines Sperlings, das elegante Flugbild einer Schwalbe und sein Kopf wirkt fast wie die Miniaturausgabe eines Greifvogels. Mauersegler siedeln sich gern in Städten an, wo sie in Mauernischen oder unter Dächern ideale Plätze für den Bau ihrer Nester finden.

Beim Fliegen ist der Mauersegler ein echter Actionstar. Das Nistmaterial, das vor allem aus Tierhaaren, Federn und winzigen Halmen besteht, erhascht er nämlich im Flug. Am Futterhaus wirst du ihn nicht zu Gesicht bekommen, denn auch seine Nahrung – insbesondere fliegende Insekten – schnappt er sich als Luftjäger beim Fliegen. Überhaupt verbringt der Mauersegler die meiste Zeit seines Lebens in der Luft. Nur zum Brüten hält er sich am Boden auf. Selbst schlafen kann er in der Luft!

Ab August verabschiedet sich der Mauersegler und fliegt zu seiner Winterresidenz im südlichen Afrika. Pünktlich Mitte April kommt er zurück.

Motacilla alba

Bachstelze

Wie schon der Name verrät, fühlt sich dieser schwarz-weiß gefiederte Wasser-Fan vor allem an Ufern von Bächen und Flüssen sowie an feuchten Gräben wohl. Bei seiner Unterkunft ist der Halbhöhlenbrüter nicht allzu wählerisch.

Die Bachstelze ist viel und gern zu Fuß unterwegs. Dabei bewegt sie sich mit einem tippelnden oder schreitenden Gang am Boden fort. Dieses Gehen wird von rhythmischen Kopf- und leicht wippenden Schwanzbewegungen begleitet.

Im Frühherbst begeben sich die Vögel meist auf Winterurlaub in die Länder rund ums Mittelmeer.

SCHÜTZEN

Ob in Mauerspalten, in Baumhöhlen, in Steinhaufen oder in Holzstapeln – der Bachstelze ist alles recht, sofern ihr Nest gut versteckt ist. Auch in einem Zweilochnistkasten mit ovalen Einfluglöchern fühlt sie sich pudelwohl.

Charakteristisch für die Bachstelze ist ihr langer Schwanz und der typische Stelzengang.

FAMILIE: Stelzen und Pieper

AUFENTHALT: März bis Oktober

WOHNORT: ganz Europa, große Teile Asiens, Nordwestafrika

LIEBLINGSORTE: stillgelegte Kiesgruben, rasenreiche Gärten, Parks, Weiden und Wiesen mit vorzugsweise kleineren Gewässern

GRÖSSE: ca. 18 cm lang

LEIBGERICHTE: kleine Insekten wie Mücken, Fliegen, Ameisen, Käfer und Kleinstschmetterlinge; an Futterstellen bei Ganzjahresfütterung: Obst, Rosinen, Haferflocken, Mehlwürmer und Fettfutter, auf dem Boden serviert

FAMILIENPLANUNG: 2 Bruten pro Jahr, 5–6 Eier pro Gelege; Halbhöhlen-/Nischenbrüter

Delichon urbicum

Mehlschwalbe

Für Mehlschwalben muss deine Vogelpension kein Restaurant haben. Wie andere Schwalben und Mauersegler ernähren sie sich von Insekten, die sie bei ihren unermüdlichen Flügen geschickt erbeuten. Ein schönes Plätzchen für den Nachwuchs schätzen sie dafür umso mehr! In Mauernischen an Hauswänden oder unter Dächern finden sie den idealen Platz für den Bau ihrer Nester. Diese bestehen vorwiegend aus Lehm, Schlamm, Stroh und Gräsern und haben die Form einer geschlossenen Halbkugel, die am oberen Rand eine schmale Einschlupföffnung hat. Dabei mögen sie's gesellig und bauen gern direkt neben ihren Artgenossen. Genauso gesellig sind sie beim Reisen. Ende August bis Anfang Oktober sammeln sie sich meist zu Hunderten, um gemeinsam in den Winterurlaub in die südliche Sahara zu fliegen.

SCHÜTZEN

Biete den Mehlschwalben geeignetes Material für den Bau ihrer Nester an. Eine möglichst lehmige und schlammige Pfütze am Rande des Grundstücks ist hierfür ideal. Auch über Stroh und lange Grashalme zur Verstärkung des Nestes freuen sich Mehlschwalben.

Ihren Namen hat die Mehlschwalbe wahrscheinlich wegen ihres auffälligen schneeweißen Bauch- und Kehlgefieders. Ansonsten ist sie schwarzblau gefärbt.

Leider stören sich viele an den Nestern und dem Kot der Schwalben, die an Wand und Fassade ihre Spuren hinterlassen. Aber Schwalben sind geschützt! Ihre Nester dürfen nicht zerstört werden – nicht nur während der Brutzeit.

FAMILIE: Schwalben

AUFENTHALT: April bis September

WOHNORT: fast ganz Europa, gemäßigte und subtropische Regionen Asiens, Nordwestafrika

LIEBLINGSORTE: freie Flächen mit niedriger Vegetation

GRÖSSE: ca. 13 cm lang

LEIBGERICHTE: Fliegen, Mücken, Blattläuse

FAMILIENPLANUNG: 1–2 Bruten pro Jahr, 3–5 Eier pro Gelege; Höhlen-/Nischenbrüter

Der Nachwuchs wird von beiden Elternteilen mit kleiner tierischer Nahrung versorgt. Handelt es sich um die zweite Brut im Jahr, beteiligen sich häufig auch die Geschwister aus der ersten Brut an ihrer Fütterung. Eine echte Großfamilie rund ums Haus!

Ich bin ein großer Fan von Gruppenreisen!

Nicht nur Vielflieger, sondern auch Fernreisende: Ende August bis Anfang Oktober versammeln sie sich zum Vogelzug nach Afrika.

ACH SOOO!
Jagdgemeinschaften

Sowohl Mehl- als auch Rauchschwalben jagen häufig im Flug. Vor allem über Gewässern passiert es gelegentlich, dass diese geselligen Vögel Jagdverbände bilden. Allerdings halten sich die Mehlschwalben dann stets über den Rauchschwalben auf, wodurch sie sich kaum in die Quere kommen und das Nahrungsangebot super nutzen.

Penthouse für ganz oben

NISTHILFE FÜR MEHL- UND RAUCHSCHWALBEN

Eins nach dem anderen

1

Bohre alle Bretter vor, damit das Holz nicht platzt. Schraube dann den Mittelsteg mit der Rückwand zusammen.

2

Schraube Dach und Boden an den Mittelsteg.

3 Fast fertig! Die Nisthilfe kannst du nun an einer geeigneten Stelle unter einem Dachüberstand fest anbringen.

Nistmaterial

Mehl- und Rauchschwalben kannst du beim Nestbau unterstützen und ihnen verschiedene Hilfen anbieten. Dazu gehören zum Beispiel lehmige Pfützen, in denen sie ausreichend Baumaterial vorfinden. Bereits die Jungvögel lernen von den Eltern wie die Schlammkügelchen hergestellt und verarbeitet werden müssen.

Nisthilfen

Künstliche Nester in halbkugeliger Form werden zwar angenommen, lassen sich aber nur schwer reinigen. Besser ist es daher, die notwendigen Voraussetzungen für den Eigenbau zu schaffen. Fehlen geeignete Nistplätze, kannst du ihnen auch einfache aus Holz gebaute Plattformen anbieten. So wie diese hier. Eine Nisthilfe für Schwalben ist aus vier Brettern schnell gebaut!

Richtig anbringen

Befestige die Nisthilfe unter dem Dach. Eine Mindesthöhe von vier Metern ist ebenso wichtig wie ein möglichst großer Dachüberstand. Um die Fassade zu schonen, kannst du die Nisthilfe auch einige Zentimeter von der Hauswand entfernt anbringen oder etwa 60–70 Zentimeter unter ihr ein leicht zu reinigendes Kotbrett montieren.

MATERIALLISTE

Als Baumaterial benötigst du außer Werkzeug und Schrauben:

- 1 Rückwand von 35 × 15 cm
- 1 Dach und 1 Boden von je 35 × 15 cm
- 1 Mittelsteg von 15 × 15 cm

Hirundo rustica

Rauchschwalbe

Von ihrer Verwandten, der Mehlschwalbe, unterscheidet sich der Vogel mit seinem blauschwarzen Rücken und weißen Bauch vor allem durch die rotbraune Gesichtsmaske. Zudem ist die Rauchschwalbe größer und weniger gedrungen und hat einen stärker gegabelten Schwanz.

FAMILIE: Schwalben

AUFENTHALT: März bis Oktober

WOHNORT: ganz Europa, Nordwestafrika, gemäßigte Breiten Asiens und Nordamerika

LIEBLINGSORTE: offene Landschaften mit stehenden Gewässern

GRÖSSE: ca. 19 cm lang

LEIBGERICHTE: Fluginsekten

FAMILIENPLANUNG: 2–3 Bruten pro Jahr, 4–6 Eier pro Gelege; Nischenbrüter

Wie die Mehlschwalbe ist sie ein wendiger und schneller Flieger, der seinen Insekten-Imbiss gern in der Luft einnimmt. Und auch die Rauchschwalben haben viel für das Zusammenleben mit Artgenossen und gemeinschaftliche Jagdaktivitäten übrig. Außerdem mögen sie das idyllische Landleben, lieben Felder und Wiesen und unternehmen auch mal „Kurztrips" in den Garten. Ein Restaurant musst du ihnen nicht bieten – am Futterhäuschen wirst du sie nicht zu Gesicht bekommen.

Ihre Nester bauen sie aus Lehm, Schlamm, Stroh und Gräsern am liebsten im Inneren von Ställen und Scheunen. Sie haben die Form einer nach oben geöffneten Halbkugel. Im Oktober packen die Rauchschwalben ihre Koffer und ziehen in ihre Winterquartiere südlich der Sahara und in Indien.

Auch im schnellen Vorbeiflug total auffällig: die rotbraune Gesichtsmaske.

Futter! Futter! Futter! Futter!

SCHÜTZEN

Schwalbennester dürfen nicht entfernt werden. Kotspuren an Wänden verhindert ihr mit einem Kotbrett unter dem Nest. Sind die Vögel ausgeflogen, den Kot mit einer alten Bürste abkratzen: Er ist ein super Dünger!

Sturnus vulgaris

Star

Mit seinem elegant schwarzen, metallisch grün und violett schimmernden Gefieder setzt der Star schon allein „modisch" ganz besondere Akzente. Echte Star-Qualitäten beweist der etwa 22 Zentimeter lange Vogel jedoch mit seinem Gesang: Neben einem großen Repertoire eigener „Songs" hat er ein unverkennbares Talent, andere Vögel perfekt nachzuahmen. Und das zeigt Wirkung: Den Männchen, die am abwechslungsreichsten und ausdauerndsten singen, fliegen die Damenherzen in Scharen zu.

FAMILIE: Stare

AUFENTHALT: März bis September oder Dauergast

WOHNORT: Europa bis zum Baikalsee; eingeführt in Südafrika, Ostaustralien und Nordamerika

LIEBLINGSORTE: Wälder, Parkanlagen, Gärten, Streuobstwiesen, Wiesen und Weiden mit Gehölzgruppen

GRÖSSE: ca. 22 cm lang

LEIBGERICHTE: Insekten, Spinnen, Regenwürmer, Nacktschnecken, reifes Obst; an Futterstellen: Obst, Beeren, Rosinen, Sämereien, Haferflocken, Fettfutter und Mehlwürmer, gern auf dem Boden serviert

FAMILIENPLANUNG: 1–2 Bruten pro Jahr, 4–6 Eier pro Gelege; Höhlenbrüter

Ich spreche sehr viele Fremdsprachen!

Stare sind sehr gesellig – auch bei einem Besuch an Bar oder Pool sieht man sie selten allein.

SCHÜTZEN

Das ideale Domizil für die junge Starenfamilie hängt in mindestens vier Meter Höhe an einem Baum und hat eine 17 × 17 cm große Bodenplatte, 30–35 cm hohe Seitenwände und ein rundes Einflugloch mit ca. 45 mm Durchmesser – am besten mit einer kurzen Sitzstange für Singübungen.

In der Natur bauen Stare ihre Nester bevorzugt in Baumhöhlen.

Generell lebt der Star bevorzugt in geselliger Runde. So geht er häufig mit Artgenossen auf Wiesen, Weiden und Feldern auf „Futtertour".

Als klassischer Höhlenbrüter zieht er meist in Baumhöhlen sowie als „Nachmieter" in verlassene Spechthöhlen ein. Alternativ nimmt er bereitwillig Nisthilfen an – für die gewünschte „nachbarschaftliche Atmosphäre" gern auch in einigen Metern Abstand zu weiteren „Starenheimen". Damit es ihn in den Garten zieht, sollte es dort einige Beerensträucher und hohe Bäume geben.

Auch im Winter liebt der Star „Gruppenreisen" und zieht in großen Schwärmen nach Süden ans Mittelmeer. Immer häufiger bleibt er jedoch ganzjährig hier und verbringt die kalte Jahreszeit dann oft in den wärmeren Großstädten.

ACH SOOO!
Schwer zu unterscheiden

Der Star gehört zu jenen Vogelarten, bei denen sich die Geschlechter nur schwer unterscheiden lassen: Das Gefieder der Weibchen glänzt geringfügig schwächer als das der Männchen. Außerdem ist das weibliche Gefieder der Kehl-, Bauch- und Brustregion leicht hell getüpfelt. Allerdings muss man sehr genau hinschauen, um diese Unterschiede wahrzunehmen!

Turdus iliacus

Rotdrossel

Die Rotdrossel ist der kleinste Vertreter der Drosseln in Mitteleuropa – also deutlich kleiner als eine Amsel. Sie verbringen nur die Herbst- und Wintermonate in West- und Mitteleuropa sowie Nordafrika und sind somit häufig nur auf der Durchreise. Auf ihren Reisen in die Überwinterungsgebiete bilden sie häufig Schwärme zusammen mit Wacholderdrosseln und auch Staren. Am Futterhäuschen zeigen sich Rotdrosseln oftmals futterneidisch und attackieren andere Vögel.

FAMILIE: Drosseln

AUFENTHALT: Oktober bis April

WOHNORT: Skandinavien über Nordrussland bis Nordostsibirien und zum Baikalsee

LIEBLINGSORTE: lichte Wälder, Sträucher, Wiesen, Parks

GRÖSSE: ca. 21 cm lang

LEIBGERICHTE: Insekten, Schnecken, Würmer sowie Beeren und andere Früchte; an Futterstellen: Rosinen, Haferflocken, Beeren, Obst, gern auf dem Boden serviert

FAMILIENPLANUNG: 2 Bruten pro Jahr, 4–5 Eier pro Gelege; Freibrüter

SCHÜTZEN

Sollten sich Rotdrosseln am Futterhäuschen einfinden, bietest du ihnen am besten etwas Obst an – beispielsweise Äpfel und Birnen. Lege dazu lieber mehrmals eine kleine Menge Obst in die Futterstation als einmal eine große. Dadurch vermeidest du, dass die Drosseln das Obst zu sehr zermatschen.

Turdus philomelos

Singdrossel

Zwar ist sie mit ihrer braunen Oberseite und der rahmweißen, gefleckten Unterseite keine schillernde Erscheinung, dafür macht die Singdrossel als begabte Sängerin ihrem Namen alle Ehre.

Obwohl sie ein Frühaufsteher ist, gibt sie auch abends gern ihre Lieder zum Besten und kündigt uns schon zeitig den Frühling an. Denn von allen Zugvögeln ist sie Ende Februar eine der ersten, die aus ihrem Ferienquartier am Mittelmeer zurückkehrt.

Hierzulande lässt sie sich am liebsten im dichten Unterholz von Wäldern nieder, doch auch in Parks und Gärten fühlen sich die anpassungsfähigen Vögel wohl. Ihre Nester bauen sie in dichten Sträuchern und Hecken oder stammnah in Bäumen. Unser Garten wird für sie zum kulinarischen Hotspot, wenn sie dort möglichst viele Gehäuseschnecken, Regenwürmer, Beeren und Früchte findet.

BEOBACHTEN

Die Lieblingsspeise von Singdrosseln sind kleine Schnecken. Auf geeigneten Steinen zertrümmern sie geschickt die Gehäuse, um an den Inhalt zu kommen. Meist verwenden sie dafür immer den gleichen Stein, der auch als „Drosselschmiede" bezeichnet wird.

Im Herbst und Winter stellen Singdrosseln ihre Nahrung fast ausschließlich auf verschiedenste reife Beeren um.

FAMILIE: Drosseln

AUFENTHALT: Februar bis November

WOHNORT: fast ganz Europa und Kleinasien bis zum Baikalsee; eingeführt in Südostaustralien und Neuseeland

LIEBLINGSORTE: unterholzreiche Wälder, Gärten, Parks, alte Friedhöfe

GRÖSSE: ca. 23 cm lang

LEIBGERICHTE: Insekten, Schnecken, Würmer, Beeren und andere Früchte; an Futterstellen: Rosinen, Haferflocken, gehackte Erdnüsse, Beeren, Obst und Mehlwürmer, gern auf dem Boden serviert

FAMILIENPLANUNG: 2 Bruten pro Jahr, 4–6 Eier pro Gelege; Freibrüter

Turdus merula

Amsel

Während die auch Schwarzdrossel genannte Amsel vor nur 150 Jahren noch als ein scheuer Bewohner einsamer Wälder galt, kann heute davon keine Rede mehr sein. Inzwischen lässt sie sich in Wohngebieten und Gärten blicken und verhält sich dabei bisweilen wie eine „kleine Nervensäge", die sich vom Menschen kaum stören lässt. Oft kommen die kontaktfreudigen Vögel einem so nahe, dass man ihnen beinahe auf den Schwanz treten könnte!

In ihrem Revier, das sie im Frühling besetzen, können es die Männchen Nebenbuhlern schon mal gehörig ungemütlich machen. Dabei sind sie jedoch nicht in erster Linie auf Raufereien aus. „Lieber eins zwitschern" ist stattdessen ihr Motto. Denn ihr Gesang schreckt nicht nur mögliche Rivalen ab, sondern lockt gleichzeitig auch interessierte Weibchen an. Und wenn diese Taktik Erfolg hat, ziehen Amsel-Pärchen im Jahr nicht selten auch mehrere Bruten auf.

Ihre Nester bauen die Amseln meist in recht geringer Höhe in dichten Sträuchern oder in kleinen Bäumen.

FAMILIE: Drosseln

AUFENTHALT: Dauergast

WOHNORT: Europa, Nordafrika, Klein- und Vorderasien; eingeführt in Südostaustralien und Neuseeland

LIEBLINGSORTE: Wälder, Parks, Friedhöfe, Siedlungen

GRÖSSE: ca. 25 cm lang

LEIBGERICHTE: Spinnen, Asseln, Schnecken, junge Wirbeltiere, Würmer, Obst, Sämereien; an Futterstellen: Rosinen, Haferflocken, gehackte Erdnüsse, Beeren, Obst und Mehlwürmer, gern auf dem Boden serviert

FAMILIENPLANUNG: 2–3 Bruten pro Jahr, 4–5 Eier pro Gelege; Freibrüter

Puh, die Kleinen satt zu kriegen, ist echte Schwerstarbeit!

Amsel-Männchen beteiligen sich am Füttern der Nachkommen, das Brüten ist dagegen reine Frauensache.

Mit etwas Geduld kannst du Amseln sogar aus der Hand füttern! Wirf ihnen einfach jeden Tag kleine Futterstücke wie zum Beispiel Apfelstückchen zu und verringere immer mehr den Abstand. Nach einiger Zeit werden sie manchmal so zutraulich, dass sie das Futter direkt aus der Hand nehmen!

Meinen schönen Gesang kennst du sicher!

Amseln wie dieses Weibchen suchen ihre Nahrung vorwiegend am Boden.

Was das Essen angeht, sind die freundlichen „Frechdachse" nicht sehr wählerisch. Während sie ihre Jungen meist mit tierischer Kost wie Spinnen, Asseln und Schnecken füttern, fressen die „Erwachsenen" auch gern mal fette Regenwürmer, junge Eidechsen, Kröten, Frösche und Blindschleichen. Ein besonderer Leckerbissen sind saftig-süße Beeren und natürlich Obst.

Die bei uns lebenden Amseln erhalten im Winter oft „Besuch" von ihren Verwandten aus dem kälteren Norden. Dann buchen sie gern auch Quartiere in Städten und Dörfern, da es hier um einige Grad wärmer ist als in Wald und Feld.

ACH SOOO!
Männchen oder Weibchen?

Den Unterschied zwischen „Herrn und Frau Amsel" kannst du leicht erkennen: Während die erwachsenen Männchen – ganz edel und förmlich – ein lackschwarzes „Gewand" kleidet und ihr Schnabel leuchtend gelb ist, ist das Weibchen vom Schnabel bis zur Schwanzspitze schlicht braun gefärbt mit vielen dunklen Flecken.

Turdus pilaris

Wacholderdrossel

FAMILIE: Drosseln

AUFENTHALT: Dauergast

WOHNORT: Schottland und Ostfrankreich über Skandinavien und Mitteleuropa bis Sibirien

LIEBLINGSORTE: Wälder, Feldgehölze, mit Bäumen bestandene Gewässerufer, Parks, Gärten

GRÖSSE: ca. 25 cm lang

LEIBGERICHTE: Insekten, Spinnen, Schnecken, Würmer sowie Beeren und andere Früchte; an Futterstellen: Rosinen, Haferflocken, gehackte Nüsse, Beeren, Obst, gern auf dem Boden serviert

FAMILIENPLANUNG: 2 Bruten pro Jahr, 5–6 Eier pro Gelege; Freibrüter

> Von leckeren Äpfeln und Beeren lasse ich mich immer verlocken!

Wacholderdrosseln lieben die Beeren des Wacholders – daher auch ihr Artname. Ebenso leitet sich der Name „Krammetsvogel" von der österreichischen und bayerischen Bezeichnung „Krammet" für den Wacholder ab. Noch bis zu Beginn des letzten Jahrhunderts wurden Wacholderdrosseln massenhaft gejagt, um sie anschließend in allerlei Zubereitungsvarianten zu verzehren.

Wacholderdrosseln brüten am liebsten gemeinsam mit Artgenossen in kleinen Kolonien. Das hat den Vorteil, dass sie potenzielle Nesträuber gemeinsam bekämpfen können, sollten sich diese einer Kolonie nähern. Insbesondere Raben und Greifvögel bekommen das ab und an zu spüren: Die Wacholderdrosseln alarmieren sich dann sofort gegenseitig und setzen sich in kühnen Sturzflügen zur Wehr. Dabei „befeuern" sie die Störenfriede häufig mit „Fäkalbomben", indem sie ihren Kot äußerst zielsicher auf die Angreifer spritzen.

Wacholderdrosseln gehören nicht zu den begnadeten Sängern. Im Gegenteil, die meisten Laute erinnern eher an die Geräusche einer Motorheckenschere oder das Gekrächze von Rabenvögeln. Nur selten wird dieses „Geknatter" durch ein etwas angenehmer klingendes „ssii" unterbrochen.

SCHÜTZEN

Fallobst, insbesondere Äpfel, verfügt über eine magische Anziehungskraft auf die Wacholderdrosseln. Daher erhöhen sich deine Chancen, diese Vögel als Besucher im eigenen Garten begrüßen zu können, wenn du nicht alles Fallobst vom Boden aufsammelst.

Dendrocopos major

Buntspecht

Buntspecht-Männchen haben im Gegensatz zu den Weibchen einen kräftig roten Nackenfleck.

FAMILIE: Spechte

AUFENTHALT: Dauergast

WOHNORT: fast ganz Europa bis Ostasien und Nordwestafrika

LIEBLINGSORTE: vor allem Laub- und Mischwälder, aber auch Nadelwälder, Parks, baumreiche Gärten und Streuobstwiesen

GRÖSSE: ca. 23 cm lang

LEIBGERICHTE: Insekten und deren Larven, Würmer, Samen (bevorzugt aus Zapfen), Nüsse, Beeren, gelegentlich Jungvögel; am Futterhäuschen: gehackte Erdnüsse, Haferflocken, Sonnenblumenkerne, Fettfutter, Beeren

FAMILIENPLANUNG: 1 Brut pro Jahr, 4–7 Eier pro Gelege; Höhlenbrüter

Ich trommle lieber, als dass ich singe!

SCHÜTZEN

Wer einen Buntspecht im Garten beherbergen möchte, sollte nicht jeden abgestorbenen Ast entfernen. Schon ein wenig Totholz, in dem er nach Nahrung stochern kann, zieht ihn an. Fettreiches Futter wie Sonnenblumenkerne und Erdnüsse sind ein weiteres Plus.

Bekannt ist der Buntspecht für seine ausdauernde „Bautätigkeit", deren Klang zwischen Mai und Anfang Juni den Wald erfüllt: Durch gezieltes Hacken mit seinem starken Schnabel zimmert er sich passgenaue Bruthöhlen im Holz alter Bäume, wobei er mehrere beginnt und nur eine fertigstellt. Seine Lieblingsbeschäftigung führt er mit einer solchen Leidenschaft aus, dass dabei richtig die Späne fliegen!

Daneben ist sein Schnabel ein echtes „Multitool", mit dem er auch unter der Borke nach Insekten und ihren Larven sucht und möglichen Rivalen rhythmisch seinen Revieranspruch verkündet. Zwar bevorzugt der Buntspecht Wälder und Parks mit alten Bäumen, besucht aber gern auch Gärten und Streuobstwiesen. Da die fleißigen Zimmerleute ihre Nahrung vorwiegend in der Rinde von Bäumen suchen, solltest du ihm auch dort sein Essen servieren. Befestige das Futter am Baumstamm oder bestreiche die Rinde mit Fettfutter. So findet er es garantiert!

Picus viridis

Grünspecht

Bei seiner Nahrungssuche hält sich der Grünspecht zumeist auf dem Boden auf und wird daher auch Erd- oder Grasspecht genannt. Mit seiner schwarzen Maske gleicht er einem fliegenden Zorro. Seine Fortbewegung am Boden wirkt viel eleganter als bei anderen Spechten. Er erbeutet seine Nahrung fast ausschließlich am Waldboden oder auf Wiesen. Mit Vorliebe bohrt er Löcher in Ameisenhaufen und holt mit seiner langen Zunge deren Bewohner aus ihren Gängen. Daneben frisst er auch andere Insekten, Regenwürmer, kleine Schnecken und Fallobst.

FAMILIE: Spechte

AUFENTHALT: Dauergast

WOHNORT: fast ganz Europa (außer in Nordskandinavien, Irland und der Iberischen Halbinsel) bis Vorderasien

LIEBLINGSORTE: Ränder von Laub- und Mischwäldern, Parks, Obstplantagen, Alleen, Feldgehölze sowie alte Gärten und Friedhöfe

GRÖSSE: ca. 31 cm lang

LEIBGERICHTE: Ameisen und andere kleine Insekten, Larven, Würmer, Schnecken sowie Beeren und Obst; an Futterstellen: Obst, Fettfutter, Mehlwürmer, gern niedrig über dem Boden serviert

FAMILIENPLANUNG: 1 Brut pro Jahr, 5–7 Eier pro Gelege; Höhlenbrüter

Ich sehe aus wie Zorro mit großem Schnabel!

BEOBACHTEN

Achtung, Doppelgänger-Gefahr! Schaust du nur flüchtig hin, kann es dir passieren, dass du ihn mit dem ebenfalls in Europa vorkommenden Grauspecht verwechselst: Beim Grünspecht haben beide Geschlechter ein rotes Stirn-, Scheitel- und Nackengefieder. Dagegen besitzt beim Grauspecht nur das Männchen einen kleineren roten Stirnkamm. Außerdem sind die Wangen des Grünspechts vollständig schwarz eingefärbt.

Columba livia

Stadttaube

Meist handelt es sich bei den auch als Straßentaube bezeichneten Stadttauben um verwilderte Haustauben, die häufig in riesigen Scharen auftreten. Da sie zahlreiche Krankheiten und Parasiten übertragen und mit ihrem Kot Bauwerke sowie öffentliche Plätze erheblich verschmutzen, ist dieser Massentourismus allerdings nicht erwünscht. Denn Haustauben können bis zu sechs Bruten im Jahr durchführen. Und die erste Brut ist bereits im Alter von sechs Monaten möglich! Das spärliche Nest wird aus dürren Halmen und Federn errichtet, oft werden die Eier aber auch einfach auf den nackten Boden des Brutplatzes gelegt. Ältere Brutplätze sind dann meist mit einer dicken Schicht aus Taubenkot bedeckt. Noch bevor die Jungen flügge sind, beginnen deren Eltern in einem anderen Nest bereits mit einer neuen Brutfolge.

FAMILIE: Tauben

AUFENTHALT: Dauergast

WOHNORT: nahezu weltweit in Städten und Siedlungsgebieten

LIEBLINGSORTE: bevorzugt in zentralen Bereichen von Städten; brütet in Häusern, Mauernischen und unter Brücken

GRÖSSE: ca. 32 cm lang

LEIBGERICHTE: größere Körner, urbane Abfälle, z. B. Backwaren, Knospen, junge Triebe; am Futterhäuschen: als Krankheitsüberträger nicht erwünscht

FAMILIENPLANUNG: 2–4, im Extremfall 6 Bruten pro Jahr, 2 Eier pro Gelege; Freibrüter, Halbhöhlen-/Nischenbrüter

SCHÜTZEN

Bloß nicht! Man sieht zwar häufig, wie Touristen, beispielsweise auf dem Markusplatz in Venedig, ihre Freude am Füttern der Tauben haben. Doch dadurch tragen sie dazu bei, dass sich die Tauben noch intensiver vermehren. In einigen Städten mussten daher Fütterungsverbote erlassen werden.

Columba palumbus

Ringeltaube

Auch diesen etwas kräftig gebauten Gast – zumeist natürlich als Paar – kannst du zu Besuch in deiner Gartenpension haben. Ringeltauben bewohnen gern alle Arten von lichten Wäldern, Alleen, Parks, Friedhöfe und dringen dabei inzwischen auch in die Zentren von Siedlungen vor. Schau genau hin: Das charakteristische Körpermerkmal, von dem sich zugleich ihr Name ableitet, sind die weißen, halbmondförmigen bis dreieckigen Flecken, die sich beiderseits des Halses befinden. Ihren dumpf gurrenden Ruf oder das Geräusch ihrer laut klatschenden Flügel beim Abflug hast du sicher auch schon einmal gehört.

BEOBACHTEN

Im Gegensatz zu den meisten Vogelarten, die beim Trinken zum Schlucken des Wassers ständig den Kopf heben müssen, können Tauben das Wasser einfach einsaugen. Sie können also wie wir Menschen auch mit nach unten gerichtetem Kopf trinken.

Uns erkennst du ganz leicht an den weißen Halsflecken. Außerdem sind wir ganz schön groß und kräftig!

FAMILIE: Tauben

AUFENTHALT: Dauergast

WOHNORT: große Teile Europas bis Nordwestafrika und in Vorder- und Zentralasien

LIEBLINGSORTE: lichte Wälder, offene Landschaften mit Gehölzgruppen, Streuobstwiesen, Alleen, Parks und Friedhöfe; gelegentlich auch dauerhaft in Feldfluren und Siedlungen

GRÖSSE: ca. 40 cm lang

LEIBGERICHTE: Samen, Körner, Beeren, Knospen und junge Triebe; an Futterstellen: Körner, Haferflocken, Rosinen, Eicheln, Bucheckern, gern auf dem Boden serviert

FAMILIENPLANUNG: bis zu 3 Bruten pro Jahr, 2 Eier pro Gelege, selten nur 1; Freibrüter

Garrulus glandarius

Eichelhäher

Man mag kaum glauben, dass der farbenprächtige Vogel zu den farblich eher nicht sehr auffälligen Rabenvögeln gehört. Unter Jägern ist er als „Waldpolizist" bekannt: Bemerkt er einen Menschen, so warnt er die Waldbewohner mit seinem rätschenden Geschrei. Diese flüchten und der Jäger geht leer aus.

Doch nicht nur als Wachtposten betätigt er sich, sondern auch als Gärtner – wenn auch eher unfreiwillig. Denn als Nahrungsvorrat versteckt er gern Eicheln und Nüsse im Boden und in morschen Baumstümpfen. Und da er sich danach oft nicht immer erinnern kann, wo er die „stillen Reserven" verborgen hat, wachsen diese nicht selten zu Bäumen heran.

Der etwa taubengroße Vogel lebt bevorzugt im Wald, kommt zur Nahrungssuche aber vor allem im Winter auch oft in angrenzende Gärten, wo er auch gern Gast am Futterhäuschen ist.

FAMILIE: Rabenvögel

AUFENTHALT: Dauergast

WOHNORT: fast ganz Europa, Nordwestafrika und Kleinasien bis China und Japan

LIEBLINGSORTE: unterholzreiche Waldgebiete, vor allem im Winter auch menschliche Siedlungen

GRÖSSE: ca. 35 cm lang

LEIBGERICHTE: Mäuse, Eier, kleine Jungvögel, Reptilien, Würmer, Beeren, Eicheln, Sämereien; am Futterhäuschen: gehackte Nüsse, Sonnenblumenkerne, Fettfutter, Haferflocken, Beeren, Obst, Mehlwürmer

FAMILIENPLANUNG: 1 Brut pro Jahr, 3–5 Eier pro Gelege; Freibrüter

So sehen die typischen blauschwarzen Federn an den Flügeln aus, die man manchmal findet.

Wenn ich mich nur an all die Verstecke auch erinnern könnte!

BEOBACHTEN

Der Eichelhäher ist ein begabter „Stimmenimitator": Nahe einer Futterstation lässt er zum Beispiel das typische „Wijääh" eines Mäusebussards ertönen. Die anderen Vögel nehmen daraufhin Reißaus und der kluge Vogel hat sein Ziel erreicht und alles Futter für sich allein.

Pica pica

Elster

Die „diebische Elster" ist sprichwörtlich. Anders als man glaubt, interessiert sie sich jedoch nicht für glänzenden Schmuck, sondern für die erlegte Beute, die sie bisweilen Eulen und Greifvögeln abluchst. Und dies meist im Teamwork: Die eine lenkt den „Besitzer" ab, die andere stibitzt das Fressen.

Auch sonst haben Elstern Spaß am „Teamwork" – etwa um einander vor Gefahren zu warnen oder vereint gegen Beutejäger wie Greifvögel vorzugehen.

Elstern leben gern in der Nähe von Siedlungen, wo sie vor allem Parks, Hecken, Obstgärten, Alleen und einzeln stehende Baumgruppen bewohnen. Ihre Reisignester bauen sie bevorzugt in hohen Sträuchern oder Bäumen. Wanderlustig sind sie eher weniger, sie bleiben lieber ganzjährig in ihrem Brutgebiet.

BEOBACHTEN

Möchtest du eine Elster auf unter 15 Meter Abstand anlocken, brauchst du viel Geduld – und ein paar verlockende Fleischstückchen. Danach gilt: still sitzen und warten. Denn es kann sehr lange dauern, bis sich der misstrauische Vogel ans Futter wagt.

FAMILIE: Rabenvögel

AUFENTHALT: Dauergast

WOHNORT: fast ganz Europa, Kleinasien, große Teile Asiens bis Kamtschatka und China

LIEBLINGSORTE: Siedlungen, Parks, Alleen, Obstgärten, einzeln stehende Baumgruppen

GRÖSSE: ca. 45 cm lang

LEIBGERICHTE: Vogeleier, Jungvögel, Hühnerküken, Kleinsäuger, Insekten, Würmer, Früchte, Sämereien, Aas, Speiseabfälle; an Futterstellen: Erdnüsse, Sonnenblumenkerne, Obst, Mehlwürmer, Haferflocken und Fettfutter, gern auf dem Boden serviert

FAMILIENPLANUNG: 1 Brut pro Jahr, 4–8 Eier pro Gelege; Freibrüter

Elstern sind überaus kluge Vögel. Ihr Gehirn ist höher als bei vielen anderen Singvögeln entwickelt und sie erkennen sich sogar selbst in einem Spiegel.

Meine Devise lautet stets: Vorsicht ist besser als Nachsicht!

Corvus corone

Rabenkrähe/Nebelkrähe

Die Rabenkrähe sieht wie ein kleiner Rabe aus und tritt meist als Paar oder in kleinen oder größeren Trupps auf. Ihr Verbreitungsgebiet umfasst die Iberische Halbinsel über Frankreich und Norditalien bis nach Mitteleuropa, wo die Elbe in etwa den Grenzbereich darstellt. Östlich der Elbe schließt sich das Verbreitungsgebiet der Nebelkrähe an. Entlang der „Elbe-Grenze" kommt es auch zu Vermischungen der beiden Farbformen. Die beiden nah verwandten Formen (Farbmorphen) bezeichnet man zusammen als Aaskrähe.

Wenn es um ihren Nachwuchs geht, verstehen Aaskrähen – wie auch andere Rabenvögel – keinen Spaß. Sogar große Greifvögel werden mutig attackiert, wenn sie dem Nest zu nahe kommen. Außerdem gehört es zu ihrem Verhaltensrepertoire, anderen Vögeln Futter abzujagen. Aaskrähen sind für ihr intelligentes

Verhalten bekannt. Außerhalb der Brutzeit vereinen sie sich besonders in der Abenddämmerung zu größeren Schwärmen, wobei sie gemeinsame Schlafbäume anfliegen.

Die Rabenkrähe hat ein komplett schwarzes Gefieder.

BEOBACHTEN

Vermeide es, Krähen mit Essensresten – zum Beispiel auf dem Kompost – zu füttern, weil dies auch schnell Ratten anlocken könnte.

FAMILIE: Rabenvögel

AUFENTHALT: Dauergast

WOHNORT: ganz Europa und Kleinasien bis Ostsibirien und Japan

LIEBLINGSORTE: offenes Gelände mit Feldgehölzen, Auenwälder, Parks, Siedlungen

GRÖSSE: ca. 48 cm lang

LEIBGERICHTE: Insekten, Würmer, kleine Wirbeltiere, Vogeleier, Früchte, Samen, im Winter Aas und Abfälle; an Futterstellen: Vogelfutter aller Art, in Stücke geschnittene Fettschwarten

FAMILIENPLANUNG: 1 Brut pro Jahr, 2–6 Eier pro Gelege; Freibrüter

Die Nebelkrähe ist auf dem Rücken und am Bauch grau gefiedert.

Register

Erklärung der Symbole

 klein wie etwa Blaumeisen   mittelgroß wie etwa Sperlinge   groß oder größer wie Stare

Bildnachweis

Fotografien

Ellen Ababou, Artern: S. 34 u., 35 (5), 37 (3), 123 (4), 140 (3)

Hans-Werner Bastian, Brühl: S. 96 (10), 97 u.

Fotolia.com: S. 3 o. (© kuhbohne15), 4 o. (© kart31), 8 (©Alexander Ozerov), 10 o. (© Heinz Waldukat), 10 u. l. (© stefan), 10 u. r. (© Gert Hilbink), 12 (© Tatiana), 13 u. (© Sergey Ryzhkov), 14 (© gerwbosma), 15 o. l. (© popovj2), 16 o. (© John Smith), 16 u. (© Soru Epotok), 17 o. (© Wim), 17 u. l. (© LinieLux), 17 u. r. (© M. Schuppich), 18/19 (© detshana), 18 (© fotomaster), 19 (© Erni), 19 a (© Morten), 19 b (© gerwbosma), 19 c (© die_maya), 19 d (© Erni), 19 e (© kwasny221), 19 f (© popovj2), 19 g (© JuergenL), 19 i (© AlekseyKarpenko), 19 k (© sid221), 20 (© Christine Kuchem), 21 (© Kalle Kolodziej), 23 u. l. (© Ruckszio), 24 u. (© janny2), 27 o. r. (© Pascale Gueret), 30 o. (© Pascale Gueret), 32 (© Xaver Klaussner), 33 u. (© zmijak), 34/35 (© fotoparus), 36/37 (© fotoparus), 38 u. (© RioPatuca Images), 42 o. (© RioPatuca Images), 41 u. (© Erni), 50/51 (© fotoparus), 50 l. (© YK), 51 o. r. (© Erni), 51 u. l. (© YK), 52 o. (© Daniel Prudek), 53 o. (© Henrik Larsson), 53 u. (© roteruebe), 54 o. (© fotoliaanjak), 54 u. (© Floki), 55 (© Björn Wylezich), 56 (© Fotoschlick), 57 (© Jürgen Hust), 58/59 (© Ingo Bartussek), 58 o. (© Sergey Ryzhkov), 60 o. (© Stefanie), 60 u. (© coco194), 61 o. (© bennytrapp), 61 M. (© nata777_7), 61 u. (© Pereginskaya), 62/63 (©motivjaegerin1), 64/65 (© Tatiana), 66/67 (© Tatiana), 68 (© JuergenL), 69 o. l. (© Heiner Witthake), 69 o. r. (© bearacreative), 70 o. (© kuhbohne15), 70 u. (© M. Schuppich), 71 (© Ingo Bartussek), 72 (© Stefanie), 75 o. (©motivjaegerin1), 77 u. (© dejuna), 78/79 (© Ingo Bartussek), 80/81 (© dejuna), 82 u. r. (© Michal), 83 M. (© Bernd Wolter), 83 u. l. (© sid221), 86 o. (© Michal), 86 u. (© Erni), 88 o. (© JuergenL), 88 u. (© imageBROKER), 90 o. (© Sergey Ryzhkov), 90 u. (© Sergey Ryzhkov), 91 u. (© JuhaSa), 92 o. (© Bernd Wolter), 93 (© Ingo Bartussek), 96/97 (© fotoparus), 97 o. (© Bernd Wolter), 98 u. (© gallas), 99 o. (© Jesus), 99 u. (© fotomaster), 100 (© PIXATERRA), 101 (© PIXATERRA), 102 (© fotomaster), 103 o. (© sid221), 103 u. (© Bernd Wolter), 104 (© NickVorobey.com), 105 (© fotoparus), 107 o. (© YK), 107 u. (© Ingo Bartussek), 108 (© popovj2), 109 o. (© Alexander Potapov), 109 u. (© Karlos Lomsky), 110 o. (© OAPhotography), 110 u. (© Sergey Ryzhkov), 111 (© YK), 112 l. (© bearacreative), 112 r. (© fotonaturali), 113 (© fotoparus), 114 o. (© kart31), 116 (© losonsky), 117 o. l. (© Erni), 117 u. (© Sergey Ryzhkov), 118 (© Morten), 119 (© ihorhvozdetskiy), 120 o. (© AlekseyKarpenko), 120 u. (© ihelg), 121 (© VOLODYMYR KUCHERENKO), 122/123 (© NickVorobey.com), 122 (© AlekseyKarpenko), 126 o. (© VOLODYMYR KUCHERENKO), 126 u. (© juancarlos1969), 127 (© bearacreative), 128 (© drakuliren), 129 u. (© YK), 130 (© drakuliren), 131 u. (© Simonas), 132 (© PIXATERRA), 133 u. (© roblan), 134 o. (© Tatiana), 134 u. (© fsanchex), 137 o. (© Polarpx), 137 u. (© fotomaster), 138 (© PIXATERRA), 139 o. (© abiwarner), 139 u. (© Garmon), 140/141 (© regulus56), 142 (© mirkograul), 143 o. (© Eric Isselée), 143 u. (© sid221), 144 r. (© sid221), 146 (© Erni), 147 (© Erni), 148 (© YK), 149 r. (© fotomaster), 150 (© Erni), 155 o. (© Javier Castro), 155 u. (© artworks-photo), 156 (© Eric Isselée), 157 u. (© Eric Isselée), 157 u. (© tanyaden)

Axel Gutjahr, Stadtroda: S. 3 (2), 30 u., 31 u. r., 33 o., 48 (4), 49 (4), 52 u.

Alice Herzog, Köln: S. 28 u., 29 (8), 44/45, 44 M., 45 M., 46/47, 46 (8), 47 (2), 64 M., 65 (2), 66 (6), 67 (6)

MEV Verlag GmbH, Augsburg: S. 19 j

Ina Müller, Renthendorf: S. 31 o. l.

stock.adobe.com: S. 2 (© Oksana Schmidt), 5 (© Rita Priemer), 6/7 (© Gerhard), 9 o. (© Sundowner Cowboy), 9 u. (© Elisabeth), 11 (© fotomowo), 13 o. (© Phimak), 14/15 (© nataba), 15 o. r. (© Edwardo Cipriano), 15 u. (© Jean Kobben), 19 h (© fotoparus), 22/23 (© ulikloes), 23 o. (© M. Schuppich), 24 o. (© Martin Grimm), 25 o. (© Victor Tyakht), 25 u. (© scaliger), 26/27 (© Christine Kuchem), 26 (© Rita Priemer), 27 o. l. (© Aggi Schmid), 27 u. (© fotoparus), 28/29 (© Christine Kuchem), 31 u. l. (© DoraZett), 39 o. (© Ian Dyball), 40/41 (© carrigphotos), 40 (© Eileen Kumpf), 41 o. (© Jean Kobben), 50 r. (© Alexander von Düren), 51 o. l. (© Karin Jähne), 51 u. r. (© fotomaster), 68/69 (© Rita Priemer), 69 u. (© Edwardo Cipriano), 72/73 (© popovj2), 73 o. l. (© soaringfoto), 73 o. r. (© Martina), 73 u. l. (© Oksana Schmidt), 73 u. M. (© vissewasse), 73 u. r. (© Oksana Schmidt), 74/75 (© Maren Winter), 74 (© Ingo Bartussek), 75 u. l. (© JuliaNaether), 75 u. r. (© DoraZett), 76/77 (© atira), 76 (© -Marcus-), 77 o. l. (© Aggi Schmid), 77 o. r. (© Ines Porada), 80 (© Holger T.K.), 81 o. (© Ian Dyball), 81 u. (© Rita Priemer), 82/83 (© Phimak), 82 o. (© Robin), 82 u. l. (© Robin), 83 o. l. (© Robin), 83 o. r. (© Robin), 83 u. r. (© Robin), 87 (© Adrian), 89 (© Wim), 91 o. (© Bernd Wolter), 92 u. (© Stef Bennett), 94/95 (© Fotoeventis), 98 o. (© Piotr Krzeslak), 106 (© hfox), 114 u. (© -Marcus-), 115 (© C. Schüßler), 117 o. r. (© coonlight), 124 (© orestligetka), 125 (© joern_gebhardt), 129 o. (© fotoparus), 131 o. (© NickVorobey.com), 133 o. (© bennytrapp), 135 (© Manfred Stöber), 136 (© Mircea Costina), 144 l. (© silverkama), 145 (© Petr Šimon), 149 l. (© Erwin), 151 (© Piotr Krzeslak), 152 (© Sergey Ryzhkov), 153 (© Mayer), 154 (© NickVorobey.com)

Wikimedia Commons: S. 23 u. r. (John Rusk), 95 (Jonas Bergsten)

Illustrationen

Sonja Heller, Menden: S. 33 u. r.

Benno Müller, Renthendorf: S. 31 o. r., 38 o. (2), 39 u., 43 r.

Malcolm Powell, Bergisch-Gladbach: S. 95 r., 97 l.

stock.adobe.com: Nistkasten mit Zweig (© Sarah Kaiser), Nistkästen ohne Zweig (© M Web), Vogelspuren (© nyGGG)